U0281673

男装革命

当代男性时尚的转变

Menswear Revolution

The Transformation of Contemporary Men's Fashion

[英] 杰伊·麦考利·鲍斯特德——著
Jay McCauley Bowstead

安　爽——译

重庆大学出版社

万花筒——身体、服饰与文化系列

《巴黎时尚界的日本浪潮》

《时尚的艺术与批评》

《时尚都市：快时尚的代价与服装业的未来》

《梦想的装扮：时尚与现代性》

《男装革命：当代男性时尚的转变》

《时尚的启迪：关键思想家导读》

《前沿时尚：景观、现代性与死亡》（即将出版）

ACKNOWLEDGEMENTS
致谢

这本书是我多年来对男性时尚热情投入的结晶，因此，许多人对它的孕育和最终出现在世界上起到了重要作用。我想向英国皇家艺术学院（Royal College of Art，RCA）的艺术与设计批判性写作项目的教学团队，布莱恩 · 狄龙（Brian Dillon）、尼娜 · 帕沃（Nina Power）、杰瑞米 · 米勒（Jeremy Miller）和大卫 · 克劳利（David Crowley）表示深深的感谢，感谢他们的鼓励和批评。尤其是，如果没有大卫的支持，本书就不太可能出现。

许多从业者、记者和学者对本书的出版做出了无私的贡献，他们的专业知识是无价之宝。特别感谢弗兰克 · 莫特（Frank Mort）、艾克 · 拉斯特（Ike Rust）、查理 · 波特（Charlie Porter）、阿里 · 阿卜杜勒拉辛（Ali Abdulrahim）、托马斯 · 希尔斯（Thomas Sels）、亚历克斯 · 李约瑟（Alex Needham）、孙小峰（Sean Suen）和詹姆斯 · 朗（James Long）。我还要感谢伦敦时装学院（London College of Fashion）的肖恩·科尔（Shaun Cole）一直以来的慷慨帮助：我不是第一个（而且应该也不会是最后一个）在职业生涯的关键时刻受益于他的专业知识的年轻学者。我很感谢《男性时尚的评论研究》（*Critical Studies in Men's Fashion*）的编辑安德鲁·赖利（Andrew Reilly），他给了我一个学术出版的机会，并给予我持续的支持和鼓励。我也感谢布卢姆斯伯里出版社（Bloomsbury Academic）对我的信任，并给了我写作这本书的机会。感谢杰里米·阿瑟顿·林（Jeremy Atherton Lin）对手稿的批判性建议，在此过程中不断提高了本书的可读性，并感谢索尼娅·埃尔克斯（Sonia Elks）对引言和结论的建议（这真的很有帮助）。与朋友和同事的对话，包括弗朗西斯·格拉尔（Frances Grahl）、菲尼尔拉·希区柯克（Fennella Hitchcock）和查理·阿西尔（Charlie Athill），都影响并丰富了文本：我很幸运有如此体贴和迷人的对话者。

我要感谢我的母亲克里斯蒂娜·麦考利（Christine McCauley），她教会了我缝纫和编织，还经常带我去儿童博物馆，这培养了我对时尚的热爱（博物馆收藏了许多漂亮的男孩服装，其中包括一套和服和天鹅绒套装，不过它们现在被藏起来了）。当我还是个孩子的时候，母亲为我做的漂亮服装是我梦想的一部分，而正是这种对服装变革可能性的迷恋最终把我带到了这里。

我的丈夫吉姆·格里森（Jim Gleeson），在我撰写本书的整个过程中，无论疾病还是健康，快乐还是悲伤，富有还是贫穷，他都一如既往地支持我，没有他，我不可能完成这本书。

CONTENTS

目录

INTRODUCTION 导论

在 2016 伦敦秋冬男装时装周的展示厅里，买家们浏览着设计师们的摊位，交换着名片，希望能够完成订购。在这里，最引人关注的是既坚硬又松软的面料，以及复杂的折纸式结构，在这种结构中，一层层褶皱型面料被折叠成茧状。

设计师万鸿（Wan Hung）将珠宝般的色泽与精心设计的服装结合在一起，打造出闪闪发光的星际未来——由布料构成的三维立方体，制造出有质感的面板和肩章、轭、口袋和领子，并剪裁成网状，人们可以从这种服装中获得自豪感（Hung，2016）。

阿里·阿卜杜勒拉辛的品牌 Mai Gidah，将剪裁和装饰结合在一起，创作出了既与凡·艾克（Van Eyck）有关又与加纳艺术有关的作品：一系列暖色以错综复杂的剪裁图案拼接缝合在一起，构成了服装结构中不可或缺的一部分。过大的廓形——让人想起20世纪70年代末和80年代初前卫的日本设计，其作品要么抽象地垂下，要么僵硬地远离（不贴合）身体（Abdulrahim，2016）。

当我浏览和处理这些原创的、不寻常的、令人吃惊的创意服装时，我意识到，从20世纪90年代我的青少年时期开始，男装已经发生了惊人的变化。那时，也就是在男性时装周出现之前的几年里，英国只有一本男性时尚杂志，在时尚博客出现之前，我搜遍了小众杂志，如*Sleazenation*、*Dazed & Confused*和*i-D*（它们很难买到，只有特地跑到市中心才行），以了解有趣或不寻常的男性风格。我模仿那些在二手店和古董店找到的衣服的风格着装，却招致了陌生人异样的目光、彻底的敌意，偶尔还会碰到可怕的无端暴力行为。

在2000年前后的几年时间里，在艾迪·斯理曼（Hedi Slimane）和拉夫·西蒙斯（Raf Simons）等先锋设计师的影响下，男装已经发生了转变，似乎是男性气质朝着更为开放的标准的转变。像*Another Man*、*Fantastic Man*，以及*10 Men*这样的新杂志也开始发行了；露露·肯尼迪（Lulu Kennedy）和Topman发起了“MAN”计划，自发地培养男装设计人才，并展示新的作品；高街时装品牌店如Zara、Topman和H&M开始销售紧身牛仔裤、褶皱针织品和黑色漆皮鞋。与此同时，以前的国际大都市，像Shoreditch、Williamsburg、Kreuzberg和Canal St Martin这样的破败地区，突然间挤满了新一代的时尚男性，他们冷漠、穿着讲究而时髦。

男性时尚的文艺复兴为今天充满活力的场面铺平了道路，在此之中，像格蕾斯·威尔斯·邦纳（Grace Wales Bonner）和乔纳森·安德森（Jonathan Anderson）这样创新的、屡获殊荣的设计师是从男装设计领域中，而不是从女装设计领域中脱颖而出的。(这在 20 世纪 90 年代是不可想象的，当时只有女装领域的设计师才有可能拿到重要的时尚奖项。)

正如我将要探讨的那样，男装的这种转变并非没有先驱，尤其是 20 世纪六七十年代的“摩斯族”(Mods)[1] 和“孔雀革命”(Peacock)[2] 风格，以及 20 世纪 80 年代的前卫亚文化美学。不过，尽管自千禧年以来男装领域发生的变化分享了之前的男装革新的美学遗产，但它们在某些方面是截然不同的。至关重要的一点在于，对创意男装的机构支持已经发生了根本性的变化：自从艾迪·斯理曼推出了具有创造性和高度成功的 Dior Homme 品牌，为 Christian Dior 时装屋获取了巨大的利润后，奢侈时装公司已经意识到了男装的经济潜力。因此，Gucci 的亚力山卓·米开理(Alessandro Michele)、Lanvin 的卢卡斯·奥森德里耶弗(Lucas Ossendrijver)和 Loewe 的乔纳森·安德森等设计师都获得了大量的资源和创作自由，可以开发和推广他们的男装系列。

同样重要的还包括新的性别模式的出现。尽管仍存在周期性的反动攻击，但如今，“与正统男性气质相关的恐同、厌同、暴力和同性社交的区隔越来越不受欢迎”(Anderson，2009：153)，越来越多的经验证据表明男人对性别表达的“霸权形式”不满(Bridges，2013；Christensen and Jensen，2014；Barry and Phillips，2016；Dahlgreen，2016)。这样，在奢侈

[1] 摩斯族是英国的一种青年亚文化，1958 年兴于伦敦，逐渐流行于全国，也影响了其他国家。这种亚文化的重点是音乐和时尚，在音乐方面包括 soul、ska 和 R&B，在时尚方面通常展现为量身定做的西装、窄翻领、薄领带、羊毛套头衫等，一些男性摩斯族还使用眼影、口红来反对性别规范。——译注

[2] 孔雀革命这一口号在 20 世纪 60 年代由设计师哈代·艾米斯提出，它指的是男装的一种趋于华丽的倾向，因雄孔雀比雌孔雀更为美丽，故而得名。它被认为是开启新的男装时尚的重大事件。——译注

品行业和商业街的投资与支持下，在与包容性的男性气质的对话中，男性时尚继续发展，探索新的风貌、新的审美和形式倾向，以及新的展现方式。

2016 年 1 月 11 日，周一上午 9 点，我坐在 Holborn 的一间地下室里，等待着孙小峰的 2017 秋冬时装秀的开始。在得知大卫 · 鲍伊（David Bowie）去世的消息后，我看到模特们身着银色长裤或飘逸的喇叭裤出现在镜头前，他们的颧骨因化妆而闪闪发光，我心中泛起一种奇妙的感动。在我看来，对于这样一个重塑男性服饰的重要人物，这是一种恰如其分的致敬。对于激励着无数设计师的鲍伊，对于这样的悲痛时刻的提起，反映了一个事实：他［包括马克 · 波伦（Marc Bolan）、伊基 · 波普（Iggy Pop），设计师约翰 · 斯蒂芬（John Stephen）、弗雷迪 · 伯雷蒂（Freddie Burretti）、费什先生（Mr. Fish），也包括其他无数的时尚消费者］不仅在 20 世纪 70 年代打开了男装的边界，而且在最近的男装的彻底革新过程中也非常重要。

除了闪闪发光的饰物，这些男装还包括一些军事元素，如枪套、厚长大衣和实用的反光带，也吸纳了 20 世纪 70 年代的时髦元素——宽翻领，束腰的衬衫式夹克，银色的皮革，卢勒克斯和提花所织成的橙色、红色和棕色结合在一起的织物（Suen，2016）。在这里，正如本周早些时候展示的 McQueen 系列一样，模特的脸上似乎嵌入了超大的安全别针——她们的妆容和珠宝，这让人想起了利 · 鲍里（Leigh Bowery）的合作者和缪斯特洛伊（Trojan）。

这种拼贴式的做法，把霸权男性主义的标志性主题反常地与 20 世纪七八十年代反文化的双性化主题结合起来，在我上个周日参加的 James

Long 时装秀上也展现了出来。朗设计了用丛林绿和鲜艳的锰蓝色扎染的迷彩布做成的工装裤和牛仔夹克。他把这些衣服和各种各样其他衣服搭配起来，有卢勒克斯条纹针织衫、亮片 T 恤、慢跑裤、超大号羽绒服、闪亮的条纹靴子，还有罂粟花印花的浴衣。这就好像 Ziggy Stardust[1] 和他的蜘蛛加入了一个民兵组织（Long，2016）。

通过那些虽然准确地说并非女性化的，但终归是搅乱和颠覆了男装正常预期的元素，James Long 和 Sean Suen 系列旨在调和男装衣柜（无论是定制装还是休闲装）中更传统的元素。这种规范与符号性掺杂的实验也在同一季的 Alexander McQueen、Xander Zhou、E. Tautz 和 Topman Design 等品牌中以不同的方式出现。这是一种非常现代的男性服装设计方法，我将在接下来的章节中详细阐述，它反映了 21 世纪男性气质结构的重大变化。

随着 2016 年的推进，紧随备受争议的创意总监贾斯汀·奥谢（Justin O'Shea）短暂而慌乱的新任期之后，意大利服装定制品牌 Brioni 宣布利润下滑，并计划裁员，许多专栏都在报道传闻中的西装之死（Collard，2016：24-25；Hadis，2016；Stern，2016）。套用尼克·科恩（Nik Cohn）1972 年的那句话——今天似乎真的没有绅士了，或者换句话说，现代晚期的男性时尚抛弃了旧式正统的小资产阶级男性气质，转而拥抱更为多元、多样和奇特的事物。

毫无疑问，这起所谓的死亡被过早地宣布了。毕竟，在 20 世纪 20

[1] Ziggy Stardust 是大卫·鲍伊 1972 年发行的专辑 *The Rise and Fall of Ziggy Stardust and the Spiders from Mars* 所塑造的一个雌雄同体的外星人，而鲍伊也把自己变成了 Ziggy，直到 1973 年 7 月 3 日鲍伊在哈默史密斯剧场的演出中，这一形象才退休。

年代女装的革命性变革中，女性并没有放弃穿连衣裙；相反，她们让这些连衣裙改变了它们的外观、手感、结构和意义。随着20世纪的发展，更广泛的服装样式（通常是从男装中借用的）被纳入了女性性别表达的词汇中。自世纪之交以来，男装已经经历了一场革命——一方面是一场建立在前几十年成就基础上的革命，另一方面也是一场对尚未被触及的男装表达的全方位的革命。不过这一重要的变化仍然让男装领域的增长率高过了女装两倍多，同时丰富的男性时尚品牌、时装周、杂志和博客纷纷创立，男装已经扩展到包含更多的可能性、审美性和主体性。

为了展开这一主题的研究，我采访了各种时尚专业人士、设计师、记者和学者，利用他们的见解和经验，也参加和观看了很多时装秀和贸易活动。我在本书中探讨的想法是通过多年来与男性时尚的密切接触，包括参与这个领域内的工作而发展起来的。这种自主人种志的研究方法通过强调权力、代理和控制等问题，影响了我对男装研究的框架。

在这样的背景下，我的主要研究模式一直是对服装和图像的细读。我对男性时尚的文本分析[1]的方法是建立在希望梳理文化实践与社会和政治过程之间联系的愿望上的，同时也试图关注时尚的、情感的、情绪的和审美的力量。也就是说，伟大的设计作品既表达同时又超越了它们的社会文化环境：心跳加速，呼吸急促，这是观看新的系列作品时所能激起的兴奋之情。美、欲望和魅力，人类杂乱无章而又实然存在的反应，都很容易被学院中有时强制要求的客观、理性的评论所掩盖。在试图捕捉时尚的触觉时，我注意到了克里斯托弗·布鲁沃德（Christopher Breward）这样的作家，他们生动地唤起了“模棱两可的角色模型”中的世纪末现代性的质感（2005：101-118）。还有安吉拉·卡特（Angela

Carter)，她丰富、富有表现力、驾轻就熟地唤起了物质文化、身体和空间（1979）。

在讨论文本分析时，对于罗兰·巴特（Roland Barthes）作品的引用很难说是原创的，但他的著作——尤其是在《神话学》（*Mythologies*，1972）中收录的著作——仍然是对流行文化进行符号学影响下的解读时所无法绕过的指南。在本书中，我不仅利用巴特作品中的结构主义与符号学，而且也着眼于他对流行文化直觉性的、审美的和感性的阅读，正如他关于“装饰性烹饪”（1972：78-80）的文章所捕捉到的那样。在这篇文章中，埃勒的奢侈食谱的荒唐可笑的程度和他们的阶级矛盾一样强烈。

除了与设计师、造型师、摄影师以及他们的作品密切接触之外，本书还与其他声音进行了对话，这些声音对男装进行了具有说服力的和深思熟虑的讨论，包括弗兰克·莫特（Frank Mort）、肖恩·科尔（Shaun Cole）、克里斯托弗·布鲁沃德和本·巴里（Ben Barry）等人在学术语境中的讨论；以及像查理·波特（Charlie Porter）和阿德里安·克拉克（Adrian Clark）这样的时尚新闻界的声音。我意识到，要理解为什么这些作家花这么多时间探索、讨论、辩护和断言男人时尚的重要性，人们必须了解到一个外在于规范的男性气质的男人的经验，也要了解到男性时尚作为一个学科，它经常被推到边缘从而是不可见的。

对我来说，在 20 世纪 90 年代末到 21 世纪初，作为一个身材瘦削、带有双性气质、同性恋的青少年——一个发现自己几乎没有在流行文化中得到反映的人，是时尚让我找到了能够与之产生共鸣的积极、肯定的表现。时尚杂志的小众的主题，以及它们推动的独立俱乐部之夜，如“*Nag*、*Nag*、*Nag*”和“*Trash*”，对我来说代表了得到认可和承认的美妙时刻：在这些空间里，在其他地方被污名化的品质反而变得很酷且令人向往。服装转变的特质，以及定制、设计和制作服装的实践，让人感觉拥有定义自己的自由、力量和权利。但是穿喇叭裤、20 世纪 70 年代的意大利鞋和紫色安哥拉羊毛织物（来自跳蚤市场和旧货店）也是有风险的。有好几次，我被赶下火车车厢，被推到墙上，被追到街上……最后，也是最可怕的一次，在下午 3 点左右的一条公共大道上，我被一群年轻人包围着，还被刺伤了脸。

这些经历继续影响着我对男性服装的理解，不仅因为它们永久地刻在了我的身体和心灵上，还因为它们以一种理论本身无法做到的方式向我揭示了男人的时尚是一种深刻的政治和争夺的实践：一种对正统的性别意识形态的抵抗形式，这种抵抗力非常强大，以至于其他人会极力压制它。我的作品像莫特、科尔、波特、布鲁沃德和巴里的作品一样，阐明了男装作为表达和形塑身份的一种形式的重要性。像那些作家一样，我不仅想在我的作品中反映可观察到的、经验性的现实，而且还想积极地介入一系列的话语（学术界、博物馆和媒体），这些话语常常将男性时尚边缘化并将其掩盖：这些话语宣称对我的身份认同的形成至关重要的时尚实践和表达，是愚蠢的、没有活力的和无足轻重的。尽管时尚有种种局限性和不如人意之处，但它一直是规范之外的性别身份被最广泛接受的空间之一，在这一空间里，人们热衷于探索新的生活方式和展现男性气质的方式。

我的视角并非“全然中立”（Nagel，1986），并不是没有主体位置的无偏见视角。在人文社会科学中，主观性和情感不能完全从理性中分离出来：作为研究者，我们不仅要通过观察和分析，而且要通过理解我们自己的经验，来获得洞察力。在调查经验数据时，我总是作为“我自己”和“视点”而存在。承认我的主体性是必要的，因为我不是在某种程度上外在或超脱于我所描述的历史和文化进程，我置身于这些进程和它们的产物中。社会学家吉尔·麦考克尔（Jill McCorkel）和克里斯汀·迈尔斯（Kristin Myers，2003）注意到，很多学者利用自己的个人经验来丰富自己的研究，无论是明确地，如贝尔·胡克斯（Bell Hooks，1994），还是含蓄地，如朱迪斯·巴特勒（Judith Butler，2011）和斯图亚特·霍尔（Stuart Hall）（Akomfrah，2013），一个人从日常生活交互中积累的知识可以为他的批判性工作提供信息，并使之焕发活力。

从本世纪初开始，时尚男装在廓形、制作和造型方面发生了非常迅速的变化，这是一个历史所记载的事实。与此同时，男装品牌、时装周和新的男装设计师也在不断涌现。不过，这一系列事件的意义以及它们与我们更广泛的文化之间的联系，则是更加难以把握和富有争议的，我将在下一章中讨论这一问题。

在本书中，借助不同的视觉的和物质性的资源、采访数据和我自己的经验，我希望能够理解过去 20 年来男性时装界所发生的真正的根本性转变。这场男装革命不仅催生了那些在伦敦男装时装周中给我留下深刻印象的充满新意的、俏皮的、活力充沛的设计，而且它还与男性气质的一系列更广泛的转变相联系，而男性时尚既反映了这一变化，也在积极推动这一变化，我将在第 5 章中更详细地探讨这一点。

注释

1 “文本分析”是指对视觉文本（照片、服装、绘画、杂志传播）和书面文本的研究。

DISCIPLINARY DISCOURSES

1 学科话语

前几天，在从克罗伊登开往伦敦维多利亚车站的一列拥挤的火车上，我发现离自己不太远的地方有两个年轻人，他们似乎要去参加一个派对或一场狂欢，正在愉快而礼貌地讨论打算穿什么。“你知道我参加表亲婚礼时穿的那件夹克吗？”一个人问。“我还有条带拉链的黑色牛仔裤，我打算用它搭配我的高帮球鞋。”“穿衬衫吗？”另一个人问。“不穿”，他解释说，他更倾向于穿 T 恤，可能是一件长袖 T 恤，但得先找到它才行。他的朋友考虑不穿夹克——毕竟已经是夏天了——只穿一件“Hugo Boss

的无领衬衫”就可以了，再搭配“一双 Tiempo Vetta 的鞋子”，或许“穿乐高鞋可能会更时髦一点”。“很酷。”他的伙伴回答。

在整个 20 分钟的旅程中，两个年轻人谈到了各种各样的服装，以及这些服装各自的优点和缺点。他们还谈到一个共同的朋友刚刚把头发编成厚厚的玉米辫，以及为什么秃顶的男人应该把头发剃掉。“比如说，你到底想要什么呢？”当你 21 岁的时候你很容易这样问！不过这次谈话让我印象最深刻的是：这两位年轻人在想象、考虑和讨论服装时所获得的纯粹的快乐与享受；他们将要如何打扮；其他朋友可能穿什么衣服以及他们希望给人留下什么样的印象。人们(包括男人)在时尚中获得了快乐、友情和个人意义，这一点经常被社会学中关于着装的解释所忽视。同样地，新闻界关于男性时尚的讨论也往往带有一种不赞同的语气。这些文章宣称，现在的男性正受制于时尚的专横或者它的一时兴起与反复无常，就好像对服装缺乏选择成了自由的代名词一样。

在历史中的一些时间点上，如在 20 世纪六七十年代“孔雀革命”期间，在朋克和新浪漫主义时期，包括在今天，男性的时尚——为男人设计服装的准则以及造型、定制和穿着的实践——都特别富有成效和活力。而在另一些时候，男人的时尚被广泛贬低，并屡屡被试图压制。

当我们谈论时尚的时候，我们谈论的是一个由试图互相联结的场域和社会关系所构成的复杂网络。时尚是一种由设计学科、制造业、通信业、动态性社会群体、亚文化、人口统计学、一系列意识形态力量和更广泛经济因素之间的一系列联系所构成的现象。这些联系并非单向性的，不同参与者的审美、政治倾向或经济利益也并非一定是相互协调的，事实上，他们经常处于冲突之中。因此，卡罗尔·图洛赫（Carol Tulloch，2010）和苏珊·凯泽（Susan Kaiser，2012：6）提出“style-fashion-trend”这一“铰接式的”连字符所连接的术语，也就是说，不可能从“时尚”中区分出“风格”来，因为一种风格，即便是个人的风格，都必定出现在特定的历史的时间点上，并与一套能够被广泛理解的符号和内涵相联系。时尚这一词语，包含着一种变化感，一种时代精神，一种与某个历史时刻的关系。实际上，时尚经常被用作一种隐喻来描述在诸多领域而不仅是服装上的不断流动的风格。但是我们也应该知道 fashion 作为动词的用法：façonner（facere），意思是制作、塑形或创造。

否认男人的自我形塑或改变自己的权利，就是让他们保持一种坚定的男子气概，而非遵从他们自己的选择。这种保守主义，像所有的保守主义一样，隐含着对现状的支持，是一种既存的权力关系。也许与此相关的是，像那辆来自克罗伊登的火车上的两个下层中产阶级的城郊黑人一样，男性的时尚往往并非来自精英阶层，而是来自边缘的、有抱负的群体。它来自西塞尔·G（Cecil G）和费什先生（Mr. Fish）这样的犹太裁缝，他们在 20 世纪的男装上留下了深刻的印记；来自诸如 teds[1] 和摩斯族这样的工人阶级亚文化；来自同性恋风格的创新者，如卡纳比街的文斯和约翰·斯蒂芬（Vince and John Stephen）；来自英国黑人、加勒比人和非裔美国人的风格。

时尚（fashion）在词源学意义上联系着制作（making）、创造（creating）和生产（producing），并让它和“诗”（poem）（它发端于希腊词汇 Poēma

[1] teds，即 Teddy boys，一种英国工人亚文化，专注于男性穿着，灵感部分来自英国爱德华时期的时髦男士的穿衣风格，“二战”后在英国兴起，和摇滚乐有很深的联系，披头士乐队的约翰·列侬和乔治·哈里森曾效仿这一风格。——译注

或 Poiēma）这一单词相联系，后者同样来源于动词制作（make）和创作（create）。在这种语言学的联系中，存在着一个关于制作（making）的意义和美感的真相：制造与再造的力量，就是使自己变得时尚。

● 新的市场

2015 年，市场研究公司 Euromonitor 表示，男装消费在前一年增长了 4.5%，远远超过了女装增长（Homma et al.，2015）；IbisWorld 的市场研究人员发现，过去五年，男装在线销售额的增长速度比任何其他产品类别（Davidson，2015：3）都要快；在对未来的展望中，Mintel 预测未来五年男装的增长率将达到 27%（PR Newswire，2014）。

在这十年间，随着记者、市场营销人员、潮流预测机构成员等越来越多的人意识到男性时尚的商业价值的提升，围绕着男性时尚的话语也在不断地扩展（Davidson，2015：3；Marriott，2015；Sigee，2015：13；Friede，2016：3）。正如我接下来将要继续讨论的那样，这个行业的扩张在很大程度上要归功于 20 世纪初的先锋设计师——拉夫·西蒙斯、艾迪·斯理曼、埃尼奥·卡帕萨（Ennio Capasa）和卢卡斯·奥森德里耶弗。他们证明了创意男装设计，如果得到适当的支持和营销，可能是一个有利可图的领域。与此同时，专注于男装的数字和印刷媒体已然激增，向越来越多的受众传播时尚男性和各种时尚男装的形象，让男性接触到更广泛的男性气质的表征，从而产生新的男性主体性。

在评论和分析这些现象时，一个常见的问题是“为什么是现在？”为什么现在男性时尚正在经历着这种复兴，这对男性和男性气质来说通常意味着什么呢？我试图在本书中探讨这些关键问题。但是，除了调查促成当代男装创意和商业成功的因素之外，同样重要的是探求迄今为止它又受到了哪些冲击。

即便是对 19 世纪之前的历史中的男性服饰、非西方社会中的服饰文化或 20 世纪的青年亚文化的粗略研究，也可以表明男性对服装的兴趣决不会低于女性。事实上，正如我在从克罗伊登开来的火车上所观察到的年轻人所展现的那样，男人们在被允许打扮和装扮自己的外表时，往往会享受这一机会。那么，是什么力量阻止了男人们去享受衣着上的自我表达呢？为什么男人的时尚会持续不断地激起敌意，甚至愤怒呢？

● （一种）历史连续性

20 世纪 70 年代和 80 年代初的男装以形式上的实验为特点，这是 60 年代“孔雀革命”的遗产，具有伴随着“富裕社会”（Galbraith，1958）而来的现代精神，紧随其后的是朋克和新浪漫主义令人震惊的策略。然而，到了 20 世纪 80 年代末和 90 年代初，一场相反的革命正在进行：与 20 世纪 80 年代初相比，随着酸性浩室、垃圾摇滚和独立摇滚的兴起，青年文化既不那么招摇，也不那么以时尚为导向了。20 世纪六七十年代的男装常常是试验性的，现在回想起来却有点尴尬，它的合成纤维、休闲西装和不协调的配色常常被诟病。

正如斯图尔特 · 霍尔所描述的，20 世纪 80 年代是战后的进步共识迅速瓦解的时期（Hall，1988a：20–27；1988b：20–21），而在这十年的早期，朋克的虚无主义和 60 年代的“放纵”仍以前卫和亚文化风格存在。到 80 年代晚期和 90 年代早期，文化转而带有明显的怀旧色彩：家庭价值观、复古的墙裙和加里 · 格兰特（Cary Grant）式的服装都占了上风。作为这种无处不在的怀旧情绪的一部分，一种新的男装话语出现了，不仅出现在 *GQ*、*Arena* 和 *Esquire* 等时尚杂志中，也出现在男性时尚手册中，在此之中，评论人士主张回归“经典”“永恒”的着装标准。

保罗·基尔斯（Paul Keers）于 1987 年在 *A Gentleman's Wardrobe* 杂志中撰文，将男装描绘成一种延续性的形式，展现出“永恒的”男子气概的原型：

> 经典的男装不是从设计师的画板上诞生的，也不是从服装设计师的季节性奇想中诞生的。他们靠的是实干的男人，不管是运动员还是士兵，有钱人还是工人。经典的男装与设计师的名字无关；它们是为了纪念威灵顿公爵（the Duke of Wellington）、威尔士亲王（the Prince of Wales）、拉格兰勋爵（Lord Raglan）、卡迪根伯爵（the Earl of Cardigan）、诺福克公爵（the Duke of Norfolk）和切斯特菲尔德伯爵（the Earl of Chesterfield）而产生的。它们的历史是由那些作为常识的服装组成的。（Keers，1987：8）

1989 年，理查德·马丁（Richard Martin）和哈罗德·柯达（Harold Koda）出版了具有影响力的《运动健将和书呆子》（*Jocks and Nerds*），这本书慷慨地用高雅的黑白图像描绘了 20 世纪早期和中期那些声名远扬、衣着考究的时尚男人。最近的时尚相片中也加入了这些历史图像，从而使它们也带有了怀旧之感。马丁和柯达的文本被证明是一种可以被大量复制的形式，书店的书架至今仍在几乎相同的仿制品的重压下嘎吱作响。1989 年，这种由原型形式构成的男装的特征有了一定的通用性，似乎表达了当时的时尚和文化对回归到坚定的、“可靠的”男性气质的渴望。但从 20 世纪 90 年代到 21 世纪最初十年，它的意象和论述被造型指南和极简史读本不停地重复，它们的相关性逐渐下降。早在 1999 年，伯恩哈德·罗策尔（Bernhard Roetzel）就在他的书《绅士：永恒的时尚指南》（*Gentleman：A Timeless Guide to Fashion*）中提出了 20 世纪早期标准中僵化的服装哲学：

> 在世界各地，浅灰色法兰绒被认为是搭配深蓝色运动夹克的理想选择。领带应该和套装搭配。条纹领带经常被推荐，不过深蓝色小图案领带、单色领带或 Hermès 领带看起来也不错。（Roetzel，1999：148）

在整个 20 世纪 90 年代和 21 世纪初，一种针对新男性时尚消费者的新型专业书籍出现了。这些书籍介于服装历史书、服装手册和咖啡桌书籍之间，经常有较长的文章，以及更多的新闻报道和大量的照片。这些出版物显然是对男装越来越多地在商业、学术和新闻等领域出现的回应，但它们也是根据人们对男装的普遍理解编纂而成的，这种编纂策略以古典主义、原型化和一系列关键的标志性服装为特征。

这方面的书目包括《绅士：永恒的时尚指南》（Roetzel，1999）、《作为材料的男人》（*Meterial Man*，Malossi，2000）、《关于都会的男人》（*Man About Town*，Hayward and Dunn，2001）、《男人的穿着：掌握永久时尚的艺术》（*Dressing the Man*：*Mastering the Art of Permanent Fashion*，Flusser，2001）和《黑暗中的穿着：电影中的男性风格教程》（*Dressing in the Dark*：*Lessons in*

Men's style From the Mories，Maneker，2002)。虽然这些书无疑代表了人们对男性时尚的浓厚兴趣，不过它们并没有增加话语的多元性。除了少数例外，书中再现了一系列的修辞、形象和人物特征——运动员、军人、无产阶级、“英国怪人”和进行乡村活动的贵族——这些形象很快就变得可以持续预测。同样重复的还有经典的男装样式：军装、正装、休闲装、牛仔裤和运动服，它们再次被用来强调男装的耐用性和标志性。通常，这些标志性的服装都有 20 世纪 30 年代末、40 年代和 50 年代初的名人和电影偶像相伴：温莎公爵（the Duke of Windsor)、弗雷德·阿斯泰尔（Fred Astaire)、加里·格兰特、加里·库珀（Gary Cooper)、马龙·白兰度（Marlon Brando）和詹姆斯·迪恩（James Dean)，还有各式各样的运动员和士兵们。

无论是对粗斜纹卡其布的赞歌，还是对完美温莎结的颂歌，这些文本在描述他们认为的男装极为具体和微妙的规则时，常常带有一种奇怪的迂腐：

> 我在考虑一般的鞋子，尤其是乐福鞋。据我估计，有几个版本超越了时尚，充分体现了穿着者的个性 [……] 在英国，Edward Green 的 Harrow 就是其中之一。Harrow 是一款优雅精致的鞋子，可以追溯到 20 世纪 30 年代，它的特点是脚趾处有一个接缝，[……] 让我们不要忘记 New and Lingwood，[……] 毕竟，这类乐福鞋是伊顿佬（Old Etonians）的选择。(Hackett and Tang，2006：22)

尽管他们声称自己是永恒的（有一本书甚至把副标题定为“永恒

的时尚指南”），但事实上，这些文字都是有意地定位于一个特定的时空：他们的形象无疑唤起了 20 世纪初以英格兰为中心的世界中的男子气概。

事实上，这些叙述的时间性有着明显的奇怪之处：它们不仅消除了 20 世纪初期和中期男装的复杂性与变化，而且还将当代照片与更早的图像融合在一起：怀旧性的服装模特暗示着从 20 世纪 40 年代末到世纪之交，服装的连续性似乎从未中断过。值得注意的是，这一图像序列中没有 20 世纪六七十年代的照片，在那个时期，色彩、印刷、夸张的细节和新的制作形式对传统剪裁提出了挑战。20 世纪 80 年代的实验性设计也没有被展现：像三宅一生（Issey Miyake）、小筱美智子（Michiko Koshino）、自由工人（Workers for Freedom）、让 - 保罗 · 高缇耶（Jean -Paul Gaultier）、高田贤三（Kenzo）和约翰 · 加利亚诺（John Galliano）这样的人物，他们的不对称、超大号、褶皱和俏皮的男装都被忽视了。因此，这些关于永恒的、不可改变的、[用阿兰 · 弗鲁瑟（Alan Flusser）的话来说]“永恒的时尚”的描述，显然包含了一定程度的非历史主义。

到了千年之交，罗策尔（Roetzel，1999）、弗鲁瑟（Flusser，2001）、恩格尔（Engel，2004）、马内克（Maneker，2002）、哈克特和唐（Hackett and Tang，2006）提供的关于男装的叙述描述了一系列历史和当代男装之间的关系，这些关系伴随着新一代创意设计师的出现，已经决然性地破裂。从这个意义上讲，这些描述不应该被理解为叙述性的（试图捕捉男人如何与服装相联系的现实），而应该被理解为规定性的、限制性的和规范性的（试图塑造和引导人们态度）。事实上，在他们关于男人的普遍声明中，在他们对时髦、变化或流动的不信任中，他们暗示了只有一种正确的着装方式，可能也暗示了只有一种成为男人的方式。

这些关于男装的主张，充当了围绕着性别的代理人的主张，也就是说，服装样式的明显永恒性，其作用是肯定男性身份不变的本质。在这篇强调得体、微妙、严格定义的准则和一致性的文章中，西装象征着一套明确的维多利亚式价值观：一种自信的、不屈不挠的、贵族的男性气质的象征。克里斯多夫·布里沃德（Breward，2016）对男装的解读可能大不相同——作为一种混杂和变迁的表达，作为一个特定历史时刻的物质化，或者作为对立辩证力量（比如民主和精英主义）的交汇点。因此，如果应用这些更微妙和更具有历史准确性的解读的话，就有可能使罗策尔（Roetzel，1999）、弗鲁瑟（Flusser，2001）、恩格尔（Engel，2004）、马内克（Maneker，2002）和哈克特（Hackett，2006）所推崇的男子气概的确定性、自信和显而易见的固定性本身受到质疑。

● 新男人？

从保守的男性声音中找到对正统、规范的男子气概的肯定也许不足为奇（保守的男性声音可能会致力于维持现状），从所谓的女权主义话语中发现的男子气概的永恒性才令人惊讶。特别是在20世纪80年代，对于以更富于表现力的形式出现的男性时尚，女权主义作家们表现出了敌意，并对男子气概正在经历（或可能会经历）一个革新过程的观点表示怀疑。这一立场似乎自相矛盾，因为任何女权主义者研究的成就都是以挑战和改变性别规范为前提的，这与第二波女权主义的思想有关，这种思想倾向于（相当有问题地）将女性气质的陷阱、不真实性与虚伪性和父权制权力联系起来，这一权力把具有“男子气概”的行为视为男性意愿、力量和欲望的真实表达。

这种对男子气概革新的可能性的怀疑态度，在朱迪思·威廉姆森（Judith Williamson，1986：25）、波利·汤因比（Polly Toynbee，1987：10）和罗维娜·查普曼（Rowena Chapman，1988：225-248）等作家围绕“新男人”（New Man）[1]运动所展开的论述中表现得尤为强烈。查普曼对“新男人”的描述也许特别有说服力：她不仅指责他们的自恋、消费主义和迷惑性，还指责他们和那些媒体与广告中的合谋者——这些代表着父权的老男人，在富有魅力的、衣着光鲜的、散发着淡淡清香的外表之下，隐含着一种卑劣的狡黠。“男人们会改变，”她声明，“但只是为了坚持拥有他们的权力，而不是放弃它。”（Chapman，1988：235）查普曼对新男性主义的不信任不仅集中在表象、时尚和打扮上，而且还集中在“女性”品质的自然和情感素养上，这些品质被认为是“伟大的伪装者”——“新男人”们用来蒙蔽毫无戒心的女人的。通过引用刘易斯和奥布莱恩（Lewis and O'Brien，1987）的研究，汤因比（Toynbee，1987：10）得出“新男人”只是一个妄想的结论。她认为，“男人们相比之前并未变好，父亲们和以前一样是缺席和无用的”[2]。

按照这种思考的方式，男人的着装和举止并不是因为他们被社会化、纪律化或被迫这样做的，而是作为一种特权和权力的声明。因此，试图颠覆传统男性模式和习俗的男人，尤其是通过“女性化”的做法，要么被视为是自欺欺人和不真实的，要么被视为威胁，也就是说，这些披着羊皮的狼进入女性领地，不是为了挑战父权制，而是为了延伸它。

不用说，支持这类解读的假设既是本质主义的，也是经验上的缺陷，因为它们未能认识到维持霸权的男性气质所内在的规训政治、暴力和等级制度。通过重新确立这种霸权，他们排除了革新男性身份的可能性，而这种可能性的身份意味着（几乎是规定性的）那些在历史上被编码为女性化的行为和主体性。查普曼和汤因比的观点并非偶然：他们的态度与激进分子卡罗尔·哈尼希（Carol Hanisch，1975）相呼应，她对提高男性意识的努力深表不信任，同时还与一些令人吃惊的同性恋恐惧症相呼应。多丽丝·莱辛（Doris Lessing，1962；1985）等作家坚持“真正的男人”，而鄙视“长不大的男人、同性恋者和半同性恋者”（1962：205）。这些言论不仅明显带有性别歧视，而且常常带有恐同心理，由于不可避免地与渴望性别平等的男人疏远，因此这些观点在策略上也令人费解。[3]

当然，也有女权主义者的肯定性声音，比如芭芭拉·埃伦赖希（Barbara Ehrenreich，1984），她从积极的角度看待“新男人”，认为他是一个真正新的、更自由的社会类型：一个在家庭生活和消费文化的转变中出现的人物，以打破令人窒息的、铁板一块的中老年式的男性气质。

同样，理论家林恩·西格尔（Lynne Segal）在她 1987 年的文章《这是未来的女性吗？》（“Is the Future Females？”）中，高度批判了当时很多女权主义思想中明显存在的分离主义、本质主义教条。她提及了玛丽·戴利（Mary Daly）、安德里亚·德沃金（Andrea Dworkin）和戴尔·斯宾德（Dale Spender）等人，认为这些人低估了性别差异的历史决定性，忽略了男子气概同样也是社会结构的一种形式。伴随着西格尔的脚步，最近的女权主义者评论家和活动家们越来越多地围绕男子气概展开富有成效的辩论，从贝尔·胡克的《变革的意志》（*The Will to Change*，2004）（这本书论述了父权主义价值观起到的使男性变得麻木、压抑的效果)，到詹妮弗·西贝尔·纽索姆（Jennifer Siebel Newsom）的电影《面具之内》(*The Mask You Live In*，2015)，都代表了那些既没有强化规范的男性价值观，也没有不加批判地将男性和父权制度如同等价术语一般融合在一起的女权主义话语的范例。

然而，在 20 世纪七八十年代，保守派和理论上的进步派都高声表达了对男子气概本质主义的、不变的观念，并展现出对非霸权的男性气质表达的强烈怀疑。正如我要说的，这种偏见继续在媒体关于男人时尚、时髦和打扮的讨论中占有相当大的影响力。

由于这些批评声音的影响，到了 20 世纪 90 年代，“新男人”越来越不受欢迎，成了某种可笑的人物。到了这十年的中期，营销人员、记者，也许最重要的是像 *Loaded* 和 *FHM* 这样的新一代“玩世不恭的”男性杂志的编辑们，他们已经指认出一个新兴的群体，并将其命名为“新小伙子”（New Lads）（Crewe，2003）。这个“新小伙子”对老练作风、性别政治和都市风格不屑一顾，对“足球、酗酒、性交和宝贝儿”很感兴趣（Birch，1994：26)。*Loaded* 的编辑詹姆斯·布朗（James Brown）甚至声称他的杂志是为那些“接受了我们的现状，放弃了自我提升的尝试”男人提供的（Brown，1994，转引自 Birch，1994：26)，这是一个不可改变的、永恒的男子气概的胜利。也许，除了“新小伙子”们对他们那个时代的文化和性别话语有着如此清晰的回应之外，他们的行为和态度也有着自觉的、展演性的，甚至是“讽刺性”的倒退。

● 对潮人的敌意

在北美，特别是纽约的语境下，“潮人”（hipster）一词与时尚的场景和时髦的高档场所有关，早在21世纪初就已经开始使用了（McKinley，2002：1）。但是，正是在21世纪最初十年的中后期，“潮人”重新进入了主流词汇。它描述了一种风格和生活方式，这种风格和生活方式以前可能被称为“独立”（indie）（Lorentzen，2007）。潮人都是年轻的，有艺术感的，穿着老式衣服，是破旧的、刚刚获得重生的一些城市区域（东伦敦的Hackney，柏林的Kreuzberg，纽约的Williamsburg）的居民。这一术语带有贬义的一系列内涵，尤其是带有不可靠和肤浅的意涵。对潮人主义（hipsterism）的命名（以及2007年至2014年间关于潮人的大量论述）表明了这一不断扩大的人口群体的经济、创造性和地理意义。但值得注意的是，“潮人”这个术语最常被作为一个滥用的术语用在亚文化之外而不是其内部。

“潮人”亚文化出现在仓库聚会、俱乐部、小画廊和独立商铺（尤其是咖啡馆）的场景中，这些空间在21世纪初开始在西方主要城市（纽约、柏林、伦敦）的贫困地区“殖民”，这是地理学家们称之为“大逆转”的过程的一部分。在这一运动中的人们回到了20世纪中叶以来中产阶级所逃离的内城（Ehrenhalt，2012）。

在这些城市中出现的独立性的亚文化场景中，有一种明显的坎普（camp）[1]和刻奇（kitsch）的倾向：过去消费文化中被丢弃的垃圾——旧

[1] 坎普是盛行于20世纪六七十年代的一种艺术风格，这一名词一开始出现在一个小圈子中，他们会用一种视觉效果极为浮夸繁复的行为方式和穿搭风格，以及丰富的色彩、奢华的配饰等来装饰自己，在行为上展现出刻意，极具冲击效果。而苏珊·桑塔格打破了坎普的圈子局限，她认为这样一种风格已经存在于历史上诸多艺术流派之中。 ——译注

陶器、马海毛毛衣、盒式磁带——被重新利用，变得珍贵、美丽或有价值。这是一种对传统消费者和社会价值观的颠覆策略——对于冗余、愚蠢和坏品位的庆祝；战后产品的大规模生产所带来的乐观和天真，与苏珊·桑塔格［Susan Sontag，2009（1966）］在她的开创性论文《关于坎普的札记》中所描述的大致相同。在性别和性取向的层面上，潮人和潮人的原型（proto-hipsters）（在青年文化的伟大传统中）打破了常态，他们重视书呆子气、古怪性和双性化，而潮人经常是男同性恋、女同性恋和异性恋的混合体。

自 2007 年以来，从杂志文章到博客，围绕“潮人主义”出现了大量的流行话语，其中一些是庆祝性的，但绝大多数都是尖锐的、批判的，或完全敌对的。尽管一些作者试图为潮人正名，但对潮人批判的高度性别化和女性化恐惧症[4]的性质及其对男性气质文化的影响却很少被讨论或承认。

在 21 世纪最初十年后期出现的博客中，包括 Hackney Hipster Hate 和 Look at This Fucking Hipster 在内，大多数的帖子都展现了中性化或极端穿着的男人。他们戴着吊坠、大眼镜，穿着短裤、低胸 T 恤、紧身裤或类似的装扮。至少在大众意识中，“潮人”这个词让人联想到的形象几乎总是男性，而在谷歌图片搜索产生的结果中，约 80% 是男性。女性潮人不太可能成为辩论、关注或羞辱的焦点，因为她们的时尚性不太可能被视为越轨的，也因为女性“潮人主义”很难与其他形式的时尚女性区分开来。同男性时尚经常被嘲弄或问题化相比，无论是在新闻界还是其他流行话题中，女性的时尚都被认为是正常的、可取的，甚至几乎是强制性的。

一个关于男性气质的观念如何影响了对于潮人主义的批评的例子，

可以在2010年发布在Hackney Hipster Hate上的内容中找到。该博客发布了一张照片，内容是一个孤独的年轻人坐在一家已经关门的烧烤店旁的人行道上。博客作者写道：

> 所有的一切都崩溃了，像生病的小猫一样呜呜叫着，在精品啤酒和面霜上耗了一夜之后，明显地崩溃了！看他那愚蠢的粉红色袜子！看看蜡笔蓝紧身裤！多么不可救药的、气急败坏的蠢材！难怪他觉得有必要把自己埋在别人的尿里。这是对一个穿着可笑的烂人的必要惩罚……你可能会觉得在博客中暴露一个如此脆弱的人是残忍的。他可能把他的iPhone弄丢了……或者他赚的钱被偷走了。我很高兴他一团糟。我希望他进监狱。我只看了一眼就恨他。（Anon，2010）

Hackney Hipster Hate对这个不幸的陌生人的蔑视很激烈，但表达这种愤怒的确切字眼也提供了某些信息。虽然是潮人的服装被拿出来进行批评，但也有一种感觉，他的脆弱以及随之而来的关联着女人气和不成熟的文化才是激起博主愤怒的主要原因。这反映在了用来描述年轻人的字眼中："小猫""呜呜叫""精品""粉红色""蠢材"和"脆弱的"，令人不安的是，这些字眼似乎证明了作者希望看到他被贬低的正当性，正如在名词"尿""惩罚"和"恨"中强有力地表达的那样。

同样的性别认同的特性出现在"冒犯性的"网站Encyclopedia Dramatica中，该网站将潮人描述为"自恋的变态"和"男同性恋"（faggots）（Encyclopediagraphatica.se，2011）。鲁本·丹格尔（Reuben Dangoor）2010年的视频《成为一个很酷的白痴》（*Being a Dickhead's Cool*）似乎攻击性稍弱，它主要由那些展现衣着华丽的年轻男性的片段组成，用他的话说，就是“不确定性偏好”的男人（Dangoor, 2010）。类似的是,《泰晤士报》（2011）的波莉 · 弗农（Polly Vernon）说 :“潮人男孩们很娇气，而且非常瘦；你不会想在战斗中依赖他们。”

值得注意的是，所有这些批评都是明确地以男性潮人不符合正统的男性气质为依据的，同样重要的是，对潮人提出的指控往往集中在他们的自恋、不真实和矫揉造作上。正如丹 · 福克斯（Dan Fox, 2016）所言，称某人为矫揉造作者就是拒绝给予他们定义自己身份的权利，声称他们在世界上的生活方式是虚假的或不合法的。从这种意义上说，对真实性的坚持是一种监视手段，也是对权威的要求。对矫揉造作的指控本身也被控告为一种阶级和性别政治。从乔治王朝时期的“花花公子”（fops）和摄政时代的“纨绔子弟”（dandies），再到 20 世纪的道德恐慌，贵族式的、波西米亚的或亚文化的男性气质所表现出的偏离、女性化和矫揉造作与可敬的工人阶级和小资产阶级身份的“真实性”、常态化和“自然性”形成了对比。这一系列的联系让人感觉潮人是士绅化的代理人。（有人指责说，这些指控似乎表明 : 推动士绅化的不是公共住房的缺乏、限制性的规划和分区，也不是整体需求的增加，而是那些文身太多、喝果酱罐里的鸡尾酒的人。）

至少在一定程度上是对这些批评和焦虑的回应，新形式的男性潮人主义在 21 世纪最初十年的后期发展起来，并倾向于怀旧的、19 世纪末和 20 世纪初的美学所标志的更加“真实”和传统的男子气概。我将在第 6 章更详细地描述时装的发展。事实上，近年来，这种蓄着胡须，穿着格子衬衫、工作服的形象已经成为潮人的主流模式（尽管这些变化并没有减少对潮人的厌恶)。

● 操演的焦虑

正如朱迪斯·巴特勒（Butler，1990）和欧文·戈夫曼［Erving Goffman，1956；1986（1963）］等理论家所肯定的那样，包括男性身份在内的身份认同是操演性的；也就是说，它们是通过社会实践不断地生产和再生产。对于巴特勒来说，我们的行为、表现以及与他人的互动方式创造并重申了我们的性别认同。正是通过这些具有操演性的社会实践——我们穿什么，我们如何说话，我们如何在社会空间中行动——性 / 性别保持清晰易读, 身份认同的连贯性得以保持。正如巴特勒和米歇尔·福柯（Michel Foucault）早先提出的那样，这些行为和存在的方式都受到形塑社会的规范、理念和期望的约束或“规训”。他们把这种对适当行为的共享认识（通过身份的操演得以强化）称为“话语”，因为性别在不同的时间、不同的地点以不同的方式被表现出来，因此，对于巴特勒来说，话语之外没有性别。她的操演性理论暗示了从根本上改变性别主体性的可能性。

对于戈夫曼来说，社会交互性的操演同样与身份的产生有关，他明确地用舞台的隐喻来描述社会性世界（Goffman，1956）。在戈夫曼的模型中，身份被戏剧性地保持；作为管理和调停外部权力结构和他者反应的一种方式，角色、面具和表演是根据一系列惯例假定的。

然而，尽管这些理论的性质已经确立，并且在学术界得到了广泛的认可，然而在许多流行的讨论中，男性气质仍然被视为一个统一、连贯和相对不变的身份。正如我们所看到的，无论是传统男装的拥护者还是

"新男人"的批评者，都在他们对"可接受的"男性服装和举止的规定中严重地依赖一个不变的、本质性的男性气质的概念。虽然对性别的"常识"理解中经常承认女性气质是操演性的、假装的，是镜子和迷雾，但男性气质却被认为是真实的、可信的和内在的。我想说，这就是为什么男性的矫揉造作对规范的男性气质提出了如此深刻的挑战：在构建男性身份时使用讽刺或戏谑（正如潮人所做的那样），或者以其他方式引起对其**结构性**的注意，都会威胁到整个男性气质的体系。它意味着男人可以是另外的样子，而男人的主体性是有条件的和存疑的。

罗莎琳德·吉尔（Rosalind Gill）、凯伦·亨伍德（Karen Henwood）和卡尔·麦克林（Carl McLean，2005）进行的实证研究聚焦于，在男性时尚和外貌方面，男性对自我身份的表达和理解受到了多大程度的**规训话语**的监察。在他们针对男性对待身体态度的定性研究中，"不把自己看得太重要"和"不做假""不装腔作势"（45-54）的重要性成了一个强有力的主题。研究人员发现，他们的调查对象刻意避免描述诸如参加健身房、文身或刺青之类的行为，因为这些行为暗示了人们想要培养一种特殊的外表或想要看起来有吸引力。研究人员认为，"被我们采访过的绝大多数男人认为虚荣或自恋是某种深深的恐惧。"（2005：50）通过这种方式，围绕自恋的话语使男人处于双重束缚中，在压力之下要看起来很好，同时又不能表现出对外表的兴趣。也许更重要的是，男性虚荣心的禁忌本质具有通过强制从众而使自我表达和身体自治失去合法性的效果。

对男性"矫揉造作""自恋"和"时髦着装"的权利的剥夺是建立在一种性别歧视之上的，这种性别歧视使男人和女人的行为标准根本不同。这些对男性自我表现的禁忌和对于性别区分的管制，是通过强制执行单一的、霸权性的、正统的男性气质的形式，以及阻碍多元化男性气质的出现而达成的。时尚男性身份的污名化是为了确保那些基于对正统男性主义的忠诚（以及社会阶级、职业和教育背景等相对牢靠的地位标志）而具有权力和权威的男性的地位。相反，这些话语贬低了突现的、亚文化的和前卫的男性身份形式，这些形式包括外表和时尚性等方面，通常基于更为分散的（亚）文化资本。

● 对女性化的恐惧

在我前面对潮人和新男人的讨论中，以及在本章后面将要进行的其他讨论中，最引人注目的是他们对女人气的极度不信任、恐惧和敌意，无论这种女人气表达得多么无害。这在查普曼（Chapman，1988）的建议中可以感受到，她认为男性是为了扩大父权制才适当地女性化，在关于潮人极具侵略性的病态恐惧的话语中也可以感受到这一点。值得注意的更为普遍的一点在于，虽然在流行文化中，女性的外表被过分地审视、管理和评判，但采用“男性化”着装和行为的女人和女孩比采用女性行为或着装风格的男人和男孩更不会受到耻辱和鄙视。艾米丽·凯恩（Emily Kane，2006：149-176）在其关于学龄前儿童的父母对性别的态度的定性的、经验性研究中发现，相比儿子，父母对女儿所感知到的非一致性的性别特征有更多的积极反应。她发现，尤其是父亲，对男孩的女性行为采取了监管和劝阻措施，尽管某些以家庭为导向的被历史性地编码为女性化的游戏形式，如烹饪和过家家，可能会被容忍，但女性化的穿着和外表，以及像芭蕾舞这样的活动，对于男孩来说几乎是被普遍阻拦或禁止的。

史蒂芬·杜卡特（Stephen Ducat，2005）、克劳斯·谢韦利特（Klaus Theweleit，1989）和大卫·普卢默（David Plummer，1999）等不同的作者通过将女子气病态化来维持确定的、规范的、正统的男子气概，在这种病态化中，男人否认和拒绝他们内在的那些品质——脆弱、感性、抚育，这些品质被编码为女性特质，坚持男性和女性之间明确和不可渗透的界限（Ducat，2004：5）。这种对女性气质的蔑视显然是强烈的厌女症，但它也对管控男人和男孩的行为产生了巨大的影响。事实上，男孩和男人所经历的绝大多数侮辱——包括在前面所提到的话语中显现的侮辱——都是基于对女性气质的蔑视和驱逐。因此，即使是最轻微的违反规范的男性着装的行为（Serano，2007：286-287；Betterman，2016：37-39）也会招致羞辱、敌意和更糟的后果。

然而，令人欣慰的是，安德森（Anderson，2009）、克里斯滕森和詹森（Christensen and Jensen，2014）等理论家提出，这些父权制下正统的男性气质形式正在停止其霸权，并逐渐被更具包容性的男性气质形式所取代（至少在某些群体中）。

和女性恐惧症有着密切关系的当然是同性恋恐惧症。[5] 大卫·普卢默曾提出：“在男性领域，衡量什么是可以接受的标准是霸权性的男子气概，衡量什么是不可接受的内容则以同性恋恐惧症为特征，并由它所推动。”（Plummer，1999：289）从这个意义上说，同性恋恐惧症的主要功能是划定可接受的异性恋男性气质的界限，而不是监督同性恋本身。同样，尽管女性恐惧症对明显不符合其性别特质的男性影响最为强烈，但同性恋恐惧症在抑制总体上更多样化、更多元、更进步的男性气质方面的影响更为广泛。事实上，埃里克·安德森（Eric Anderson，2009）在他所称的“包容性的男性气质”中，描述了这些新的性别表达和身份表达的形式是如何以拒绝厌女症和同性恋恐惧症话语为前提的。

活动家和作家朱莉娅·塞拉诺（Julia Serano）通过区分单方的和“对立性的性别歧视”（2007：307），解释了普遍存在的女性恐惧症（或她所称的 effemimania）。塞拉诺指出，“对立性的性别歧视赞成那些有典型性别倾向的人，而不是那些有特殊性别倾向的人”（2007：307），因此男性和男孩因女子气而引发的暴力、愤怒和不信任有双重的病因，都源于对女性气质的贬低，尤其是对非典型性别表达的厌恶。与康奈尔（Connell）的霸权性和从属性的男性气质理论一样，对立性的性别歧视的概念通过强调特权和压迫的多重来源（和交叉点）使男性特权的概念复杂化。虽然男性特权仍然是理解父权制持久性的有效框架，但女性恐惧症、对立性的性别歧视和从属性的男性气质表明，无论男性还是女性都没有独占特权地位或附属地位。

● 反转的话语

尽管持续流行的媒体言论侮辱了参与时尚的男性，不过在千禧年前夕，设计师拉夫·西蒙斯、艾迪·斯理曼、埃尼奥·卡帕萨、汤姆·福特（Tom Ford）和赫尔穆特·朗（Helmut Lang）提出了一种新的男装美学，并对此充满信心：这种男装以闭合的轮廓、半透明的布料、时髦的剪裁式样和裸露的皮肤为特点。这一男装转变的意义在回应这些设计师群体的新闻中得到了体现。正如《纽约时报》的艾米·斯宾德勒（Amy Spindler）所说，像福特这样的设计师“设计套装不是让男人看起来成功、强大和成熟”，而是让他们看起来“年轻、苗条和性感”（Spindler，1997：14）。与此同时，拉夫·西蒙斯的朋克风格、蛛网毛衣和瘦骨嶙峋、面色苍白的年轻模特吸引了人们的注意，因为他们展示的男装与过去10年主导潮流的那种古铜色、肌肉发达的商业风格截然不同。的确，他前卫的、雌雄同体的美学让一些人感到不安。阿利克斯·夏基（Alix Sharkey）在《卫报》中将西蒙斯1998春夏系列的作品污名为“可笑的”，并将他的模特命名为“食尸鬼”（ghoulish，1997）。从这个意义上说，福特和西蒙斯背离了从20世纪80年代末开始主导时尚的一系列男装规范，这不仅标志着时尚风格的改变，也提供了一个令人信服的反叙事，打破了男性时尚（和男性气质）循规蹈矩、一成不变、墨守成规的观念。

尽管西蒙斯、朗和福特在千禧年之交仅仅吸引了少许专栏的关注（Spindler，1997：14；Menkes，1998：11；Clark，1999：10a），不过从1996年开始,斯理曼开始大胆地介入了男性时尚,首先是在Yves Saint Laurent中，后来是在Dior Homme中，这最明显地标志着对本章前面概述的那些规范性论述的否定，也否定了在20世纪90年代获得霸权地位的狭隘的男性时尚模式。查理·波特于2001年在《卫报》上撰文称：

> 没有什么令人兴奋的事情会发生在男装上。然而，眼下在巴黎，人们谈论的都是艾迪·斯理曼。这位设计师在Dior新成立的男装品牌所做的工作，正引发停滞不前的男装工作室的彻底反思。

阿德里安·克拉克在为《卫报》撰写的一篇文章中也表达了这种对男装和男性气质令人窒息的束缚的反叛情绪。“男装真的必须如此无聊吗？在过去的10年里，它所缺少的是一些动力，一些勇气，一些更广泛的选择。”（Clark, 1999：10b）或许最重要的是，斯理曼本人在接受 *L'officiel* 采访时说，他明确地将男性气质称为一套神秘的规则和武断的约束，他试图反对、抵制（也许最终会引向改革）。他声明说：

> 男性气质的一种心理在于：我们被告知不要碰它；这是仪式，神圣，禁忌。这很困难，但我正在取得进展，我正在努力寻找一种新的方法。男装系列可以是有创意的、性感的、充满活力的……男装也可以成为时尚。我不认为这对男人来说应该是禁止的。我在寻找一套可行的方法。我想创造一种亲密感，一种亲切感，一种直接感。（Slimane，2001 cited by Cabasset，2001：70）

在这里和其他地方，在他倡导“真实的”和“可信的”纤瘦的男性身体时（Healy，2001：163），有一种对策略性的本质主义的呼吁：试图摆脱由正统男性气质所赋予的价值和约束，包括支配性、一致性、强壮、充满力量的身体和内敛的气质，并用更“自然的”“惹人喜爱的”和“有活力”的气质代替它们。

麦克·费瑟斯通（Mike Featherstone）在《消费者文化与后现代主义》（*Consumer Culture and Postmodernism*，2007）一书中，利用了皮埃尔·布尔迪厄（Pierre Bourdieu）在《区分》（*Distinction*）中的观点（[1979]1984），他认为文化中间人[6]，尤其是在他所说的“设计等准智力领域”，占据着一个模棱两可的阶级地位，他们更少地投入现状，转而依赖更分散的形式的文化资本（2007：19）。根据布尔迪厄的说法，这些团体暗中试图通过促进进步或超越性的形式来颠覆品位的等级制度：用他的话说，“尚未合法的或次要的、边缘的形式的规范化”（Bourdieu，1984：326）。那么，理解斯理曼和西蒙斯的作品的核心，就是要打破品位的等级制度，特别是那些与霸权的资产阶级男性气质有关的等级制度。斯理曼把古板的“Christian Dior Monsieur”变成“Dior Homme”是有其原因的。

从这种意义上说，西蒙斯和斯理曼身上带有一种混合着酷儿性、对性别规范的逾越和工薪阶层或下层中产阶级的背景（在西蒙斯的例子中，还有其乡下出身）所带有的局外性，这种局外性是理解他们所形成的前卫、反叛美学的关键。值得注意的是，这两位设计师都谈到过，要从大卫·鲍伊和发电站乐队（Kraftwerk）等音乐家身上找到认同感，因为他们具有怪异、超凡脱俗的吸引力（Limnander，2006：47；Yahoo Style，2015）。

对朗来说，也是这样，他是一个被主流疏远的工人阶级青年，这种他者的感觉让他通过服装创造了另一种身份，并最终成为一名设计师（Seabrook，2000：114）。他从20世纪90年代末到21世纪最初十年中期的系列，给人一种对传统男装的解构之感。在他2004春夏系列男装中，开孔和镂空部分将衬衫和夹克一分为二，并把上衣打开——这里露出腹部，那里露出乳头，这里又露出手臂。这些奇怪的、不对称的服装打破并扰乱了人们的预期，与基尔斯（Keers，1987）、罗策尔（Roetzel，1999）以及他们的同类所规定的学究式的着装规范相差甚远（图1.1）。

因此，在朗、斯理曼和西蒙斯的作品中，有一种共同的努力，要推翻规范性男子气概的标准、假设和美学，用其他的品质来拒绝和取代它们：不是对力量、支配和一致性，而是对一种模糊得多的阀限的性别认同的颂扬。

图 1.1 Lang, H. and Verdy, P. (2003). Spring/Summer 2004 Collection. Paris. 模特穿着不对称的背心和装饰有瓶盖的夹克，由皮埃尔 · 韦尔迪 (Pierre Verdy) 拍摄。

斯理曼在 21 世纪最初十年早期和中期对男装的激进态度——双性恋、魅力四射、被四肢瘦长的独立音乐人所穿戴——可以被解读为一种反转话语，在这种话语中，时尚作为一种“变革矩阵”（Foucault，1978）致力于合法化并颂扬之前被污名化的男性气质的形式。为了实现这一目标，围绕男性外貌的理念和假设以及这些理念传达和灌输的机制（如果你喜欢，也可以称为知识技巧）都必须受到挑战。这些争论的过程，也就是对男人时尚的重新塑造和想象，也可以在查理·波特、阿德里安·克拉克和苏西·门克斯（Suzie Menkes）等记者的文章中看到，他们称赞了这些先锋设计师开阔和革新男装的愿景，从而给“更广泛的选择”（Clark，1999：10b）创造空间。

正如我将在第 4 章继续描述的那样，伴随着围绕男性时尚的新闻话语的不断扩大，21 世纪最初十年的设计师男装经历了一段快速扩张的时期。同样伴随着主流男装零售商推出更多种类和基于趋势的系列产品，可以看到商业街也发生了重大变化。2012 年，伦敦创办了第一个独立的男士时装周——“伦敦系列：男士”，随后是纽约和多伦多的男士时装周，通过这种方式巩固和制度化了新开创的男装在商业上和创意上的地位（Milligan，2011；Gallagher，2012；Fashion United，2014）。

借用福柯的说法，无论是在设计层面、形象层面、穿着层面、书面讨论层面，还是在行业层面，我认为男性时尚都可以被最好地理解为一种“话语形式”（Foucault，[1972]1989）。这里我指的是一组不同的、有时相互竞争的规训方法，以设计师系列或广告活动的形式进行个人陈述，也创造了新的身份或主体形式（时尚青年、潮人、都市美男）。

学者本·巴里和芭芭拉·菲利普斯（Barry and Barbara Phillips，2016：

17-34）的定性研究表明，时尚在激活、开放和为新的主体性创造空间方面的重要性是很明显的。他们发现，参与者被穿着时髦的男性模特的形象所吸引，从而能够“表达新的男性身份”（Barry and Phillips，2016：30）。同样，马修·哈尔（Matthew Hall，2015）将时尚和装扮的实践（以及在线论坛上的讨论）描述为都市美型男身份形成的实践，挑战了传统男性气质的稳固性。门田正文（Masafumi Monden，2012：227-313；2015）在他从事的文本研究而非经验性研究中，描述了日本年轻男子如何采用优雅的、时髦的和“可爱”的着装方式，以此来拒绝墨守成规的工薪阶层的和欧美式的身份认同，凸显出日本的时尚文化已经预见到西方男装最近发生的许多变化方式。

他发现，男性时尚在探索身份认同方面的重要性，也体现在设计师自己的工作中。2013 年，英国皇家艺术学院颇具影响力的男装硕士课程的负责人艾克·拉斯特（Ike Rust）表示：

> 如今，男装在当下确实已经流行了起来。[……男装] 设计师不仅在创作关于特定时间与空间的作品，也在表达他们自己。这种自我表现是男装设计师开始做的更多的事情，在过去，我们通常仅仅将这些事情与女装联系在一起。(Rust，2013 [interviewed in] McCauley Bowstead，2013)

同样，时任 Lanvin 男装首席设计师卢卡斯·奥森德里耶弗建议：

> 我们对男装的尝试实际上是要做一些特别的、不同的、不统一的

衣服。对我来说，衣服是表达你个性的一种方式，也是强调某人个性的一种方式。同时，我认为穿衣也是一种娱乐的方式。（Ossendrijver，2013，转引自 Barneys New York，2013）

对于福柯来说，话语代表一组陈述、主张或想法，尤其是与某一制度或学科相关的内容，它们进行某种价值表述并施加权力。话语和权力一样，是有生产力的：它生产并再生产知识，同时生产主体和主体性。我们可以看到男人的时尚是由一系列的话语构成的：关于男人可能、可以或应该是什么的陈述，以及关于美和渴望的陈述。通过这种方式，时尚的力量应该被这样理解——强迫的范畴（就像传统上那样）更少，更多地激活一系列相互竞争的主张或想法。在这一维度中，男装作为一种散漫的形式所构成的话语、观念和主张自新千年之交以来发生了重大变化，从而将男性时尚解放，使其成为表达、创造和自我实现的媒介。另一方面，正如我们所看到的，那些试图限制、塑造和规训男装和男性气质的话语并没有突然消失，而是在媒体、出版和评论的各个部门中仍然保持强势。

● 争议性男性气质

继 Christian Dior Monsieur 在艾迪·斯理曼的领导下更名为 Dior Homme 之后，Lanvin 和 Balenciaga 等大型巴黎时装公司也在知名设计师的带领下创立或重新推出了男装系列，创办了多本男性时尚杂志（2004 年的 *10 Men*，2005 年的 *Another Man* 和 *Fantastic Man*，2007 年的 *Numero Homme*）；像 Topman 和 Zara 这样的高街零售商也开始更加认真地对待他们的男装产品。Topman[7] 在 21 世纪初率先将设计师合作运用于男装领域，并于 2005

年成立了“MAN initiative”，旨在培养男装人才，并在伦敦时装周（London Fashion Week）中为新设计师提供一个平台。2012 年，伦敦举办了第一个男性时装周，男装销量激增，记者、营销人员和时尚专业人士纷纷宣布，该行业进入了一个新时代（Fashion United，2012；Gallagher，2012）。

然而，正如本章早些时候所讨论的关于潮人的话语所展现的那样，新闻界对这些事态发展的反应显然是褒贬不一的。时尚记者对该行业新出现的活力往往表现出抑制不住的热情，但其他评论人士对男性时尚、造型和装扮的发展表现出更大的矛盾心态或敌意。

这些矛盾在讽刺当代男性时尚的文章中得到了体现，这些文章认为新的男性时装是不可穿戴、荒谬可笑的，代表失败的、无效的男性气质的形式。在《卫报》中，音乐记者亚历克西斯·派特里迪斯（Alexis Petridis）和时尚评论员哈德利·弗里曼（Hadley Freeman）把伪装的恐惧和欢乐结合起来，观察男装的发展，轮流为最新趋势提供精心制作的肆意评论。派特里迪斯的常规特色是将当代设计师的作品以一种意想不到的方式组合起来，以达到“幽默”的效果。他宣称紧身裤的趋势“令人不安”，声称它们使他看起来“就像蒂莫西·克莱波尔（Timothy Claypole）和性犯罪者名册上没有的东西的混合体”（2007），并将戴皮帽描述为“童话式地联系着（村里的）人们所说的与男孩们一起闲逛的愿望”（2009）。弗里曼把矛头对准了那些想要看起来像“性感男子汉”的书呆子们所穿的背心（2006a），“想当黑帮分子”的人戴的首饰，以及那些“以为自己是拜伦”的男人（2006b），而低胸上衣据称是“由潮人病毒引起的”（2010）。

2013 年发表在《每日电讯报》（*The Daily Telegraph*）上的一篇文章中，

朱迪斯·伍兹（Judith Woods）的评论更广泛地集中在男性对时尚日益增长的兴趣上。她将都市美型男描述为“娘炮”“让人无法忍受的娘娘腔”“贫穷而虚荣”“像公主一样任性”，并宣称：

> 相比 B&Q[1] 的商品柜台，他们都更喜欢围绕着 Clarins[2] 的柜台……来欢迎现代男性吧，这是我们创造的都市美型男怪物。一项最新调查显示，五分之一的女性称自己的伴侣过于注重保养，以至于他们在卫生间里待的时间比她们还长。和一个比你漂亮的小伙子出去会让人很不安……坦白地说，我根本不在乎他衣领上的口红。但当他口袋里揣着牛油树脂唇膏回家的那一天，就是我搬出去的那一天。

克莱夫·马丁（Clive Martin，2014）为 *Vice* 杂志撰写了一篇截然不同的文章，他对昔日“无畏的、灯塔般的北欧男子气概”产生了一种奇怪的怀旧情绪。在批评这一代痴迷于外表的年轻人时，他指出，一旦他们处在“其他国家发动了糟糕的战争”并需要“捍卫他人妻子的荣誉”的情况下，他们现在“看起来就是糟糕透顶和极其荒诞的了 [……] 他们是现代的英国人渣，只会娇喘的、典型的、性感得吓人的商业街小白脸 [……] 带着同性恋气息的手淫者，穿着 T 恤在他们的地盘上闲逛，看起来像是被一只愤怒的大狗撕碎了”。

在这些关于男人的时尚、外表和打扮的讨论中，不出所料的是，女

[1] B&Q 是一家起源于英国的国际建材装潢零售品牌。——译注

[2] Clarins 为法国著名美容品牌，以身体保养系列为自己的市场定位。——译注

人气的幽灵出现了，特别是在伍兹的文章中，使用了不少带有女人气含义的语言，如“公主”“娘娘腔”，甚至“娘炮”，作为一种使都市美型男身份去合法化的方式。同时，一些被认为对女性来说很正常的行为，反而成了病态的男性自恋的证据，这正是一个关于性别歧视和女性化恐惧症的相当粗糙的反面例子。虽然很少人能想到，但也与此相关的是，人们对男性性取向和男性身体有一种明显的不安感，这种不安感贯穿了这几篇文章：这表现在派特里迪斯对同性恋的暗示和对于性犯罪者的提及，弗里曼对拜伦的提及，马丁对“手淫者”和“极度性感的商业街小白脸”的批评中。暴露的衣着、新的锻炼方式和美容方法越来越多地将男性身体定位为关注焦点的方式也引起了强烈的焦虑感，甚或是恐惧感。伍兹的文章中带有一种恐惧，即这一进程会导致对于女性领域的不受欢迎的闯入，这对异性恋的权力动力学构成了挑战。充满讽刺和幽默的语调让这些评论员有权说出一些非常极端和令人不快的事情：最明显的就是，马丁建议在“国外发动肮脏的战争”，相比起年轻人花时间去健身房和穿低胸 T 恤，这居然是一种更没问题的行为。

正如福柯所言，话语应该被理解为一套关于真理和权力关系的相互对抗的体制，因此，就像“时尚”这样的“媒体”，应该被看作是一个空间，在其中经常有着对立的利益和观点的多个行动者同时活跃。尽管有如此多的声音，但某些主题和理念仍在流传并不断被重复。

在 21 世纪最初十年和第二个十年，出现的关于男性时尚和风格的讨论，反映了在这一充满活力并不断地变动的场域中，对真理的分歧性的、不断对抗的、相互竞争的主张。这些主张反过来又被权力关系、身份政治和经济所包围：有时尚专业人士在男装的扩张中看到了新的创造性的可能性；也有人把男装的转变看作是更为开放和多元化男性气质进程的一部分（也许因此在新事物中寻找到了自我认同）；还有一些人认识到了一个充满活力、富有创意的男装市场的商业潜能。同时，也有一些人，特别是传统左派，认为男性气质的商业化是一种异化的力量，加强了资本主义的主导地位；一些社会保守派的言论，流露出对这种挑战正统男性气质的形式的恐惧；还有一些男人（和女人），他们意识到这种新形式的时尚化男性气质可能挑战了他们自己对权力和权威的要求。

● 学科话语

尽管在 20 世纪 60 年代、70 年代和 80 年代初，富有革新精神的男装不断涌现，但在 20 世纪的大部分时间里，围绕着时尚的话语几乎只集中在为女性设计和穿着的服装上。这种状况不仅使男性的时尚边缘化，而且宣称它根本就是不存在的：女性穿着时尚，而男性只是穿着衣服。特别值得一提的是，在 20 世纪 90 年代，一些写作者试图驱散这种观念，记录下男人们将时装作为个人和群体表达手段的方式。包括肖恩·科尔的《我们现在穿上鲜艳的衣服》（*Do We Now Our Gay Apparel*，2000）、克里斯托弗·布鲁沃德的《隐藏的消费者》（*The Hidden Consumer*，1999）、蒂姆·爱德华兹（Tim Edwards）的《镜中男人》（*Men in the Mirror*，1997）、弗兰克·莫特的《消费文化》（*Cultures of Consumption*，1996）和西恩·尼克松（Sean Nixon）的《硬朗的外表》（*Hard Looks*，1996）在内的文本揭示了为男性设计并被男性穿着的时装的复杂性、多样性和重要意义，并批判了传统的关于男性服装的假设。这些书证明了男人的时尚是存在的、有意义的、可以被分析的。这些关于性别的文本是极为重要的：我在研究这一课题时广泛借鉴了它们。但是，由于这些作家无法看到未来的时尚现象（或不能及时前进），我们如今距离他们各自主要文本的出版已经近 20 年，这些研究已经无法解释过去 20 年中男装所发生的巨大变化。

在 20 世纪 90 年代中期之前，与女装相比，关于男性时尚的新闻和学术讨论相对较少，这似乎证明一种说法，那就是男装的含金量较低，或者说很少有男性对它感兴趣。但这些说法忽略了 20 世纪后半叶，从泰迪男孩（teddy boys）和扎祖族（zazous）[1] 到摩斯族，再到嬉皮士（hippies）[2] 和朋克（punks）[3]，各种时尚在构建亚文化和反文化的男性身份方面发挥了重要性。至关重要的是，20 世纪 70 年代末，学术界对亚文化美学的研究日益合法化，这一点体现在赫伯迪格（Hebdige）1979 年出版的《亚文化：风格的意义》一书中。这一时期的特点还在于，女权主义者越来越受欢迎，以及学院内兴起了基于性别的文化分析。与此同时，在 20 世纪 80 年代初，通过越来越多的时尚杂志，如 *Blitz*、*The Face* 和 *i-D* 的介入，亚文化和青年时尚获得了越来越多的传播，这些杂志将亚文化与高端时尚联系起来。

对于 20 世纪七八十年代成长起来的一代理论家来说，包括布鲁沃德、

[1] 扎祖族是“二战”期间法国的一个青年亚文化群体，这些年轻人通过穿着宽大和华丽的衣服，跳爵士舞来彰显自己的个性，男人穿大条纹的夹克，而女人则穿短裙、条纹长袜和厚鞋，并经常带着伞。——译注

[2] 嬉皮士运动是 20 世纪 60 年代反文化运动之一，开始于美国，并扩散到世界上其他国家。嬉皮士们蔑视传统，废弃道德，并以一种不见融于主流社会的独特方式，来表达对现实社会的反叛。他们以“做你自己的事”为口号，不积极介入政治，而是以“遁世”的方式进行消极无为的反抗。在着装上，嬉皮士们挑战了当时的性别差异：无论是男人还是女人，都留着长发，穿着牛仔裤，并穿着凉鞋、莫卡辛软皮鞋或直接赤着脚。——译注

[3] 朋克作为一种亚文化运动兴起于 20 世纪 70 年代中期的英美等国，以反建制和推动个人自由为最大特点，这种文化主要体现在音乐领域，即“朋克摇滚”（punk rock）。在时尚领域，其风格并非铁板一块，有学者认为，朋克服装和款式包括破牛仔裤、皮夹克、尖头臂章、狗项圈、莫霍克发型，以及衣服的 DIY 装饰，包括饰钉、彩绘的乐队名称、政治声明和补丁。——译注

爱德华兹、尼克松和莫特，这些倾向在他们 90 年代的作品中汇集在一起，抓住了作为不断变化的男性气质表现的当代男性时尚。很容易看出，在 70 年代末和 80 年代初，亚文化的男性时尚之活力是如何通过展现时尚挑战霸权性男性气质的能力来影响这些作家的思想的。也许他们写作的紧迫感不仅是对 20 世纪 70 年代末和 80 年代初相对有活力的男性时尚的回应，而且是对一系列围绕着男性气质的成问题的本质主义话语的回应。正如我所说，在 20 世纪 80 年代和 90 年代初，这些作家正试图介入男性气质的文化，并对其进行描述。

那种认为男装是一种固有的保守形式的坚持，并没有在学术批评下突然消失或瓦解：事实上，这种观点在 20 世纪 80 年代末蓬勃发展，贯穿整个 90 年代并一直持续到 21 世纪初，其功能与其说是描述性的，不如说是规定性的。一种认为时尚是女性的“自然”领域的文化这样要求男性：他们如果要参与其中，就应该创作女性时尚，而不是让他们自己屈从于欲望性凝视。

在这一章中，我描述了一种仍然存在的规范性要求，即男性服装不应“走得太远”，以及它应该被限制在一个本质主义的怀旧的男性气质的模式中。它是一种保守的形式，隐藏在所谓的普遍看法、一般性陈述和对现状的坚持之中，消除了表达的多样性。这些声音坚持认为，男装应该与一种不变的霸权性男性气质的原型相呼应：经典的剪裁、牛仔裤和工作服，以及军装（不包括花哨的制服）。在过去的 20 年里，进步的男装设计师、理论家、造型师、时尚记者和其他的支持者们一直在努力将男装定义为时尚，将男性重新定义为潜在的时尚消费者[8]，并以各种方式，明确地或含蓄地使男性时尚作为一个激进主义的和抵抗的场所。

注释

1 男性气质态度的转变，以及男性在育儿、家庭关系和家庭中的角色的转变，至少可以追溯到 20 世纪 70 年代初，这些都是对第二波女权主义的回应。例如，在 1971 年，*L'Uomo Vogue* 发表了一篇题为《新爸爸的新面孔》(1971：102-105) 的文章，描述了一种新形式的亲子关系，父亲与孩子更亲密，并高度参与他们的日常护理。但是，“新男人”这个词，及其与有爱心、反性别歧视和温柔体贴这些品质的联系，确实是在 20 世纪 80 年代流行起来，并进入了大众话语的。

2 汤因比说：“这个新男人不在这里，不太可能在我们的有生之年，甚至我们孩子的有生之年见到他。”然而，美国皮尤研究中心 (Pew Research Center, 2013) 的研究发现，1965 年至 2011 年间，父亲花在家务上的时间增加了一倍多，照看孩子的时间几乎增加了两倍。因此，尽管男性和女性在照顾孩子和做家务方面仍有很大差距，但说男性的角色没有改变是不准确的。本克和默泽尔 (Behnke and Meuser，2012) 的定性研究考察了德国为父亲提供育婴假的法律出台后，新形式的男性身份 (他们称之为“参与式父亲身份”，更多地关注家庭，较少关注工作) 是如何出现的。沃尔和阿诺德 (2007) 的研究发现，父权并没有夸大父亲的参与程度，反而往往使男性在养育子女方面退居次要地位。他们认为，要使男性能够实现他们想要成为更积极的父母的愿望，就需要加快对体制、工作场所和文化的变革。

3 查普曼和汤因比对革新的男性气质的不信任，在德米特拉基斯 · 德米特里乌后来的男性气质研究中得到了呼应。在他 2001 年对康奈尔的男性霸权理论的批判中，德米特里乌认为，虽然新的“女性化和黑人化”的男性气质形式已经出现，以回应女性主义、种族平等和同性恋权利的政治，但这种杂交是“父权制的再生产策略”(2001：349)。这一论点有一个奇怪的循环，即男子气质之所以发生了变化，是为了保持不变，而德米特里乌没有描述这些革新的男性气质是如何有助于统治女性的。通过假定男性对父权制的延续有一种与生俱来的兴趣——尽管有大量相反的证据——这不会给他们带来任何代价，德米特里乌令人绝望的议论几乎没有留下任何行动或改变的空间。和查普曼一样，他那结构费力的书，没有考虑到男性可能希望更多地参与到父亲的角色中，希望更少地被工作所限定，或者只是希望能够更自由地表达自己，而是将男性气质的所有转变都归因于抓住权力不放的企图。

4 女性化恐惧症（Effemiphobia）[有时被称为娘娘腔恐惧症（sissyphobia）、女人气恐惧症（effemimania）或女性角色恐惧症（femme-phobia）] 描述了对女人气（男性所具有的女性特质）的病态恐惧。我承认，这是一个相当笨拙的新词；尽管如此，这个术语的作用是为正统的或（康奈尔、基梅尔和梅瑟施密特所称的）霸权的男性气质的关键组织原则命名。康奈尔描述了男性的等级制度（2005），其中某些男性主体性是从属的，显然，女性化恐惧症是这种从属进程的一个重要方面。这个术语发展了康奈尔的概念，因为它解释了男性对女性化行为的污名化的双重性质——污名化的根源在于对女性特质的普遍厌女主义式的贬低，以及要求男性和女性采取"适当"行为的性别规范。女性气质恐惧症的双重病因可能解释了为何它同时在同性恋和异性恋以及进步和保守领域得以流行。

5 虽然并非所有的男同性恋都是女性化的，但所有的男同性恋都仅仅因为是同性恋而违反了正统的男性气质准则。

6 那些参与文化的传播和合法化的人，如馆长、唱片主持人、大学讲师、时尚造型师和记者，可以被描述为文化媒介人（cultural intermediaries）（我在使用这个概念时，也将设计师纳入其中，因为他们经常参与到积极的美学和思想观念的传播中来并创作了离散性的作品）。皮埃尔 · 布尔迪厄关于文化资本、惯习（habitus）和文化中介 (culture mediation) 的理论帮助我们理解，经由文化合法化的过程，特定类型的文化艺术品是如何表现"艺术天赋"或"好品位"的。它们还帮助我们思考，通过我们对特定圈子或"场域"的沉浸，某些形式的知识和品位是如何被灌输的（通常是渗透性的和含蓄的）。

7 MAN 由 Topman 与 Fashion East 共同创立；由一个行业专家小组挑选的设计师，可以获得资金，使他们能够举办时装秀，推出自己的品牌。MAN 的成功对于伦敦男装系列的最终确立至关重要。它的建立表明，Topman 对它作为一个品牌所处的生态系统有着敏锐的理解。通过对新设计师人才的投资，Topman 有效地投资于可持续传播的潮流和理念（在男装领域，作为一个表达和商业活动的网站，Topman 的业务将更加全球化）。

8 声称消费是一种合法的行为和自我表达，可能会让一些文化批评家感到不安。相反，“工人”这一概念作为一种重要的身份和权力场，在经济和社会学思想中得到了很好的确立。宣称消费者是一个潜在的颠覆性的、进步的人物，并不意味着对所有形式的消费资本主义进行不加批判的庆祝，就像工人拥护“工资奴役”一样。相反，它是为了解释经验性证据，也就是消费经常作为一个空间存在，在这里，主导意义和权力结构受到挑战、颠覆和改造，这是一个争夺意义的空间 (Fiske, 1987, 1989；Campbell，2005)。

HISTORICAL RESONANCES
2 历史的回响

在 20 世纪的最后几十年里，60 年代末和 70 年代的那些充满活力、实验性和乐观精神的男性时尚开始被当作笑料：愚蠢的派对服装、麦克·梅尔斯（Mike Myers）的电影以及“幽默”贺卡中的妙语纷纷以此为素材。尤其是在 20 世纪 90 年代，六七十年代的男装成了笑柄，这不仅是因为它与当代高雅品位的观念相矛盾——70 年代的女装包含了同样多的合成纤维和显眼的印花——而且在于这样做的过程中，它超越了主导的男性气质的美学。它不仅显得笨拙，而且富有争议——太过注重身体，古怪而浮夸。

人们熟悉“女性气质是一种表演”这类修辞，并且在 20 世纪的进程中，女性生活明显发生了根本性的变化，这意味着，在 20 世纪的最后 10 年，复古女性时装可以自信地呈现为过去那种有趣、略带性感、充满异域风情的制品。相比之下，复古男装面临着更大的问题。在 20 世纪 90 年代，男性气质经常被宣布处于“危机”之中（Segal，1990 [2007]：xviii；Beynon，2002：75-95），流行的男性文化太过脆弱、保守，对于它过去所展现的放纵和渴望的凝视感到焦虑：帕特里夏·坎宁安（Patricia Cunningham）在一篇文章中描绘了作为 70 年代典型风格集合的“休闲装”的起起落落，一直持续到 20 世纪 90 年代，它仍然被描述为一种耻辱（2008：99）。

在 20 世纪 50 年代初单调的整合之后，六七十年代出现的男性时尚，当然有时的确会导致一些天真的设计，但这种天真远不是全部。20 世纪六七十年代是男装领域具有巨大的创造力、活力，并在形式和审美上颇具成熟度的一段时间。此外，在“孔雀革命”的风格及其后果在千禧年前的主流文化中受到最严重的谴责时，他们被青年和先锋文化引用、加工、重新利用：布莱特·安德森（Brett Anderson）和贾维斯·科克（Jarvis Cocker）这样的独立音乐人，以及一批新的男装设计师，准备使沉寂了 10 年的男装重新流行起来。20 世纪六七十年代的风格和外形为处于千禧年尖端的创意设计师提供了一个范例，证明男装可以是时尚的、充满活力的和令人兴奋的：他们通过大量借鉴摩斯族、朋克和华丽摇滚（glam）[1]

[1] 华丽摇滚的风格是在装扮方面具有双性化特征——火红的短发，长长的假睫毛，莹亮的眼影，紧身而中性的服饰，五彩斑斓的高跟鞋。代表性的人物有大卫·鲍伊、伊基·波普。——译注

等亚文化，以及 Cardin 的极简主义到极繁主义的浮华的孔雀风格来实现这一目标。事实上，正如我在本书的导论中所提及的那样，70 年代的时尚和亚文化仍然为当代男装设计师提供了重要参考。

● 时尚与现代性

在英国的语境中，摩斯族风格起源于 20 世纪 50 年代中后期的城市，参与者往往是同性恋和波西米亚人。1954 年，商人比尔 · 格林（Bill Green）在苏豪区（Soho）纽堡街开了一家名为 Vince's Man's Shop 的商店，出售小批量的服装。这些服装有些来自法国，具有明显的“欧陆风格”（Coutinental Look）：短夹克、窄脚裤和休闲装，其中包括圆领毛衣、黑色牛仔裤、潮人裤，合身的运动衫以及有着鲜艳的颜色或图案的衣服（Cohn，1971：60-61；Cole，2000：71-74）。最初他们主要吸引了同性恋顾客，之后，Vince 的顾客群扩大到包括异性恋艺术家、演员和其他在 20 世纪 50 年代主流时尚的沉闷整合中寻求解脱的人。和比尔 · 格林一样，裁缝塞西尔 · 吉（Cecil Gee）也是 20 世纪 50 年代少有的创新者，他为乐队指挥和爵士乐手提供了闪亮的服装。和格林一样，他在很大程度上实现了创新，摆脱了体面的英国风格，推出了“令人眼花缭乱的美国风格”，并从 20 世纪 50 年代中期开始，受布里奥尼（Brioni）的影响，推出了一种意大利风格，包括短夹克、窄脚裤、尖头鞋、窄翻领和细领带（Cohn，1971：44-45）。就这样，现代文化从杂糅中脱颖而出：意大利、法国和美国风格都施加了影响，具有讽刺意味的是，所有的这些融合在一起，形成了一种后来主要的英国文化输出的风格。

到 20 世纪 60 年代初，Vince's Man's Shop 有了许多竞争对手，包括其前雇员约翰·斯蒂芬（John Stephen）拥有的一系列店铺（Cohn，1971：66)。[1] 与此同时，越来越多的年轻男性和工人阶级开始接受这种摩斯族的造型，他们推广了一种意大利风格的贴身剪裁——同样以短夹克、合身的裤子和休闲装元素为特征。这类造型同时出现在定制的或者说量身定做的衣服中（当时的这类衣服比现在更便宜)，也出现在各种各样的成品衣服中（Cole，2000：75)。尽管摩斯族美学与年轻人有着密切的联系，但它在 20 世纪 60 年代中后期持续影响了主流男装的剪裁。随着那十年间青年文化的发展，约翰·斯蒂芬在卡纳比街上的商店与其他一些在苏豪区、波托贝洛（Portobello）和国王大道（Kings Road）营业的零售商紧密相连，其中包括 Mr Freedom、Hung on You，以及 I was Lord Kitchner's Valet，它们专门出售浮华的、新摄政风格的、色彩鲜艳的、图案丰富的服装，有超大或复杂的领子、袖口和装饰。随着这十年的推移，越来越多的人对嬉皮士和“孔雀革命”充满了东方式幻想。

尼克·科恩是最早开始认真反思 20 世纪 60 年代男装变化的作家之一，他在 1971 年的《今天没有绅士》(*Today There Are No Gentlemen*）一书中，关注到了性别观念的转变，这种转变从 20 世纪 50 年代中期开始，当时比尔·格林的 Vince's Man's Shop 刚刚开始经营，一直到了 20 世纪 60 年代初，作为购物胜地的卡纳比街诞生了。科恩写道，Vince 出售的衣服“在以前除了同性恋者和极其浮夸的人之外，谁也穿不到”，但到了 20 世纪 60 年代初，这些衣服“也被异性恋所购买”(Cohn，1971：62)。科恩认为，这展现了战后僵化的阶级和性别规范崩解的一个侧面：“一切似乎都不再是确定的——所有的角色都模糊不清，使男人有吸引力的整个概念也在演变。”（Cohn，1971：62）一个轻盈的身材，一个紧致的轮廓，色彩丰富、带有印花的衣服，以及那些曾经被认为是女性化的行为方式，都构成了这一转变的一部分，休闲装和便装也越来越被时尚所接受（Cohn，1971：63）。

普通西装以其简洁性和统一性常常被认为是现代性的终极象征[2]——它的统一性也许是在“二战”后的语境中被神化的，这一语境包括定量配给，退伍军人的便服，以及 Burtons、Hepworths 这样的大型裁缝店的霸权。相比之下，正是在 20 世纪 60 年代，我们见证了男性时尚的开始，正如我们今天所理解的那样——混杂的、暧昧的、不断变化的——包含剪裁在内，但绝不局限于传统的剪裁至上主义，而是创造一个创新的场所和一个男性气质可以被质疑并探索的空间。

这种男装的开放性在 20 世纪 60 年代颇具影响力的男性杂志 *Town*（前身为 *Man About Town*）上有所体现。在 1962 年 11 月的杂志中，出现了一则约翰·斯蒂芬的“His Clothes”精品店的广告［目前在摄政街（Regent Street）、国王大道和卡纳比街都有分店］。广告的照片中，一道阴郁的灯光照在模特的条纹棉质高翻领上，他的背部和肩膀占据了画面的四分之三，他的水手服上的这些厚厚的条纹形成了对角线：作为呼应，条纹式的光线反射在模特坐着的地面上——这一图像具有明显的现代主义气息，同时，经由明亮的方向光，模特孩子气的特征和富有光泽的头发在晦暗的背景中被突显出来（图 2.1）。这种现代美学也出现在 1962 年 9 月出版的 *Town* 杂志里刊登的 Simpson of Piccadilly 的广告中，虽然这一形式有所淡化，不过其中人物（这次是手工绘制而不是拍照）再次定位在动态对角线上。最重要的人物身穿海军装，系着一条松石色的领带，戴着一副白框太阳镜，传达出一种干净的现代感，但这一信息在某种程度上被背景中悠闲的、穿着柔和色调的棕色西装的男人削弱了，他的加入也许代表

Striped cotton roll-neck sweater in
black/brown,
black/royal blue,
black/moss green

£1 15*s* 0*d*

Elephant cord slacks
in black, brown and mystere

£3 19*s* 6*d*

from
His Clothes
189 Regent Street, W1
201 King's Road, Chelsea, SW3
41 Carnaby Street, W1

HIS CLOTHES

图 2.1 Stephen, J. (1962). His Clothes Advertisement. *Town* (11), p. 25.

着商业的对冲——而这位艺术家以棱角分明的模特和纤维状线条为特色的绘画风格，似乎是属于稍早的时代的（Simpson Piccadilly Advertisement, 1962：6）。

值得注意的是，到1962年，更纤细的线条和对颜色的感觉已经渗透到了Simpson等更主流的服装品牌中，在His Clothes那里进一步发展。日益受到重视的有科恩所描述的青春气息和约翰·斯蒂芬于20世纪60年代早期在*Town*上登载的广告中具有强烈感染力的姿态，该广告经常被用于新兴青年文化的准人种学研究，尤其是在一篇描述伦敦北部摩斯族群体的文章中，这一群体包括15岁的马克·菲尔德（Mark Feld），他后来成了T. Rex的主唱马克·博兰（Marc Bolan）。这篇文章的标题相当抒情——“没有阴影的脸”，开头带有某种淫秽意味——“为衣服和享乐而活的年轻人”。这篇文章主张：

> 马克·菲尔德、彼得·苏格（Peter Sugar）和迈克尔·西蒙兹（Michael Simmonds）在Stoke Newington长大。对他们来说，世界上最重要的事情是他们的衣服：他们的橱柜和架子上堆满了自己设计的鲜艳的、奇怪的、有冲击力的西装和衬衫。在他们的词汇表里，他们，以及他们所认可的少数同时代人，被描述为“面孔”（faces）——必要的特点在于年轻，在衣着方面有着敏锐的眼光，对世界上其他事物普遍缺乏包容之心。

文章接着描述了三人在着装、经常光顾的商店、精品店和迪斯科舞厅等方面极为挑剔的做法，以及他们在说服裁缝制作合意的西装时遇到的困难。值得注意的是，两位助理理发师苏格、西蒙兹和一位工人阶级的中学男生菲尔德 / 博兰在 1962 年可以雇得起裁缝，还有充足的钱来支撑一种外出的、引人注意的和跳着扭腰舞的生活方式："现在每个人都在扭动，所以我们要有不同的扭动。"（Sugar，1962，转引自 Barnsley，1962：51）当然，青年文化的出现与这一时期的日益繁荣和更大的社会流动密切相关。

此外，正如科恩（Cohn，1971）所说，性别、性取向的话语和关于规范性的男性气质的争论显然在 20 世纪 60 年代初出现的时尚亚文化中起着重要作用。巴恩斯利引用了苏格的话："我们都有点爱出风头 [……] 我承认。我们的一些衣服有点女性化，但它们必须是这样的。我意思是说你得有点坎普风格。谁又在乎别人怎么看待我们呢?"（Sugar，1962，转引自 Barnsley，1962：51）。菲尔德 / 博兰接着说："关于我们的穿衣方式，你会听到很多的嘲笑和吃惊的叫喊 [……] 如果你穿了一些显得有点不同的衣服，那就是'娘娘腔'和'怪胎'。"（Feld，1962，转引自 Barnsley，1962：51）然而，尽管有这样的指责，这些"面孔"们对同性恋的态度是蔑视的，这一点很有意义，因为这篇文章是在 1967[3] 年英格兰和威尔士同性恋合法化之前的某个时刻写的，而且考虑到采用这种模糊的外表会带有明显的暴力风险。苏格认为他们的衣服"必须有点女性化"的评论值得注意，因为这强调了一种被认为娘娘腔的感觉与男性的差异和自我表达之间密不可分的联系：被视为同性恋是一种必须承担的代价，这样才能逾越符合男性气质的着装规范。从这个意义上说，尼克 · 科恩和"面孔"们谈论"同性恋"的方式更多的是关于性别，而不是关于性取向（如果可以把这两个密切相关的现象分开的话）。我认为，在 20 世纪 60 年代，女性化的忌讳有所减少，这证明了在接下来的 20 年里，男性时尚的蓬勃发展和男性身份的开放，允许男性能够赞扬暴露癖的、不一致的和更有趣的着装方式。

在 1962 年的 *Town* 杂志中，罗纳德·布莱登（Ronald Bryden，1962：40-45）发表了一篇乐观的文章，标题为《膨胀接管》（“Bulge takes over”），讨论了战后婴儿潮一代的人口“膨胀”问题，指出了他们与前几代人的不同，并推测了对于英国来说这可能意味着什么。布莱登（有先见之明地触及了将继续活跃在当时新兴的文化研究领域中的主题）预测，随着从阶级和地理的传统公共身份中解放出来，大众文化和亚文化的新形式在消费和具体的商业实践中将会获得重新定位。

> 这些伪社会学家 [……] 当他们哀悼我们从酒吧和音乐厅的群居、舒适的旧时代中被孤独地流放时，他们痛惜的是个体化的繁盛 [……] 陋巷和村庄温暖的、无个性特征的部落主义的结束，他们所谓的“智慧”是思考其他人所思考的东西。新一代是要为自己考虑的 [……] 他们将是无阶级的。他们的衣服已经是这样了。（Bryden，1962：43-44）

到了 20 世纪 60 年代中期，布莱登所描述的向更不受约束、更年轻、更无阶级的时尚的转变似乎越来越稳固了。军刀“waikiki swimtrunks”的广告是这样的：在一幅抽象的、风格化的插图中，在充满活力的橙色背景下，有两个古铜色皮肤的男子，只穿着鲜艳的橙色三角裤（Sabre Helanca Advertisement，1964：31）。1966 年版的 *Town* 杂志以各种丝绒服装为特色，这些服装在赢得了“作为休闲服装时尚面料的认可”（Thomson，1966：12）后，被展示的有：带有超大的佩斯利图案的圆领夹克，以及各式夹克和套头衫，颜色为“亮丽的红色、绿色和蓝色”[4]。到了 1966 年，1962 年 Simpson 广告中 50 年代纹理的图案被两个男性和两个女性形象的插图所取代，这两个男性穿着非常短的短裤（一个穿着条纹卷领上衣，另一个穿着 polo 衫），他们都有非常修长的、苗条的、晒成褐色的腿（图 2.2）。约翰·斯蒂芬用有限的资金迎合了一群年轻的客户，不过，不仅限于 Simpson of Piccadilly 这一品牌，此时创新的青年文化正在更大范围地日益勃兴。

正如科恩所说，男装已经变得颜色更多样、更合身、更不那么正式，比几十年前更加注重身体。这十年以来，巴恩斯利描述的那些“明亮、奇怪和暴力的颜色”变得不那么引人注目了。

● 消费文化的诞生

1975 年，约翰·克拉克（John Clarke）、斯图尔特·霍尔、托尼·杰弗森（Tony Jefferson）和布莱恩·罗伯茨（Brian Roberts）在《经由仪式的抵抗》（*Resistance through Rituals*）一书中提出，战后的青年文化和亚文化以“享乐主义、放任主义、反独裁主义、道德多元主义和物质主义”为特征，与占统治地位的、传统的、资产阶级的道德准则截然相反，然而，它是从不断发展的消费资本主义的逻辑中产生的，是它得以成功和持续的核心（1993[1975]：51）。根据克拉克、霍尔等人的观点，20 世纪 60 年代年轻化消费文化的诞生，与社会上更为自由的价值观紧密结合，既保障和支持了西方资本主义，又对整个系统中占据统治地位的阶级所珍视的关

图 2.2 Simpson Guitare Beachwear Advertisement (1966). *Town* (7), p. 14.

于阶级、性别和性取向的价值观构成严重威胁。正如作者所说：

> 对于持有更古老、更“新教”（protestant）的伦理观念的传统中产阶级来说，这是一个完全不同的、令人费解的、矛盾的世界。不断发展的资本主义现在要求的不是节俭，而是消费；不是节制，而是时髦；不是延迟满足，而是立即满足；不是持久的商品，而是消耗品；是“摇摆”的而不是清醒的生活方式。[……] 中产阶级家庭中所体现的性压抑和家庭生活理想，在“放纵”的生活方式中难以持续。

也许，在上面总结的叙述中，带有成问题的目的论色彩，作者对要求或引起文化“上层建筑”变化的“经济基础”的描述过于简洁，而且是单向的，我并不喜欢。然而，这种综合了马克思主义、葛兰西主义和马尔库塞主义的观点的分析是令人信服的，因为它表达了 20 世纪 60 年代青年文化发展中所固有的张力和矛盾。

例如，大型男装企业的老板们原本可以热烈庆祝一个充满活力的新男装市场的前景，不过正如科恩所描述的那样，他们对这一前景的反应速度有点慢（Cohn，1971：107-111）。虽然这些商人的银行存款本可以从中受益，但是这件事威胁到他们对于正派、品位和男性气质的观念。相反的是，这一前景被 5 位年轻企业家[5]抓住，在这十年的前期，他们将推动男性时尚的发展。

20 世纪六七十年代，大众文化的迅速而彻底的变化经常遭到旧道德秩序的代表们的强烈抵制：来自右翼的有活动家玛丽·怀特豪斯（Mary Whitehouse），来自左翼的专家们则将大众文化视为资本家进行操纵的工具。

一个相比斯图亚特·霍尔没有那么敏感的人可能会使用葛兰西（Gramsci）的霸权理论（霸权是一种巩固权力并获取民众的拥护的文化手段），并持有马尔库塞（Marcuse）对消费主义极度不信任的态度，他认为消费主义产生的“虚假需求”与真正的需求完全不同。但霍尔和他的同事们概述了20世纪60年代的消费文化如何“深刻地适应”资本主义的需要，同时也概述了它如何激活了对占主导地位的建制性文化形式的抵抗和颠覆。霍尔等人认为，20世纪六七十年代的新消费主义并不是反文化的腐败，而是反文化的内在表达。因此，反文化、青年文化和亚文化——在这一时期以激进的形式——通过时尚、音乐和舞蹈表达他们自己，就像他们之前通过传统的政治手段所做的那样。

在很多方面，20世纪60年代见证了我们今天所知的对于男性时尚的创造：一种大众现象，尽管最初是由都市中心的相当小的亚文化群体所引领的。男性时尚在20世纪六七十年代开始普及，通过服装形式的日益多样化和差异化，激活新的自我表现形式并使其可见。富足社会[6]和青年时尚的出现意味着年轻男性，包括那些来自工薪阶层和中下层家庭的男性，不再需要穿得像他们的父亲，而是能够形成新的、独特的身份认同。

随着20世纪60年代的发展，嬉皮士美学的兴起，简洁、干净的摩斯族服饰逐渐被更加精致、怀旧和受东方风格影响的服饰所取代。尼克·科恩将这一造型追溯到1965年，迈克尔·雷尼（Michael Rainey）的店铺开张，标志着“嬉皮、怪异的第一次出现”，“摩洛哥长袍、印度织物、爱德华七世和维多利亚时代的遗风”开始流行（1972：119）。到1969年夏天，米克·贾格尔（Mick Jagger）在海德公园（Hyde Park）演唱时，他穿着一件有褶边的白色巴厘纱长裙，配上一条白色喇叭裤，领口有褶边，袖子也很宽大，这套服装是男装设计师兼颠覆者费什先生[7]设计的。贾格尔著名的服装（Gahr and Fish，1969），其形式让人想起东欧的民间装束，暗示着一种颠覆衣着的性别传统的愿望，以及一种新原始主义者想要获得更自由和更“真实”的存在方式的渴望，而这种方式往往与对西方价值观的拒绝联系在一起。

在英国的版图之外，意大利男性时尚杂志 *L'Uomo Vogue* 于 1968 年创刊，其早期版本捕捉了 20 世纪 60 年代末和 70 年代初男装的戏剧性和活力，不仅在色彩、图案和制作层面开放，而且在形式上也越来越开放。1969 年的一期杂志刊登了德国演员彼得·查特尔（Peter Chatel）穿着考斯坦齐（Costanzi）为 Fabiani 设计的一件精致双排扣白色夹克：夹克由柔软的法兰绒制成，两侧缝处有两个带盖的纽扣，前襟是整洁、不对称的，而披肩领子则是精整的。它让人想起了中国的传统“汉服”。这是一件非常成熟、自信和优雅的服装：显而易见的简单形式和不对称的折叠给人一种东方的质感，但它结构的方法——通过弯曲的接缝和省道，固定形状的袖子和轻微的垫肩来达到合身的效果——这些明显具有欧洲风格（图 2.3）。查特尔的外套里面是一件领口围着脖子的丝质衬衫，外套也是同样材质的软薄绸。这套晚礼服展示出，20 世纪 60 年代末的设计师们已经在以相当基本的方式重塑正式的男装。

这一激动人心的充满无限可能性的时刻反映在 20 世纪 60 年代末和 70 年代初 *L'Uomo Vogue* 中的许多图像、专题、采访和广告中。瘦身剪裁可以在由演员迪诺·梅勒（Dino Mele）担任拍摄对象的一系列照片中看到，他穿着的双排扣夹克，领口系紧扣子，如同 19 世纪的军装一般。在导演

PETER CHATEL

Conoscete « Gradiva », il racconto di James su cui Freud stesso ha scritto un saggio illuminante? E' la storia di uno studente di archeologia, tedesco, e, sia detto incidentalmente, anche schizofrenico, innamorato di una statua intravista a Pompei. Il rapporto difficile fra sogno e realtà è uno dei temi che restano attuali in tutti i tempi. Albertazzi ne ha tratto un film, e Peter Chatel lo ha interpretato, subito dopo il « Toh, è morta la nonna », di Monicelli. Peter compie in questo mese il suo venticinquesimo anno; è nato ad Amburgo, e in Germania ha fatto esperienza di teatro e di TV, e ogni inverno torna ad Amburgo; sia per fare del teatro, sia perchè il suo appartamento romano ha una grande terrazza su Campo dei Fiori, ma è assolutamente privo di riscaldamento. Il suo sogno sarebbe però di passare la buona stagione a Roma e l'inverno a Londra. Per ora ha casa a Roma, ad Amburgo e a Monaco.

In questa pagina, di Costanzi per Fabiani, giacca doppiopetto di ispirazione cinese, con bottoni sulle cuciture dei fianchi, tasche inserite a taglio, ed effetto di revers inseriti lungo la sciallatura della giacca. Tessuto Barbera. Seta Forneris per la camicia, di organzino nero. *Nella pagina accanto,* una giacca di Capucci, di lana grigio scura di Barbera, su camicia in seta mauve di Bises. Pantaloni a piccolo disegno bianco-grigio.

OLIVIERO TOSCANI

图 2.3 Toscani, O. (1969). Peter Chatel. *L'Uomo Vogue* (6), p. 118. 摄影师奥利维罗 · 托斯卡尼曾在 20 世纪 60 年代末和 70 年代初为 *L'Uomo Vogue* 做过大量工作，后来他由于为 Benetton 制作的先锋、前卫、有时颇具争议的广告而闻名。也许这种后来的激进主义在他塑造男性时尚和男性身体的新方法中就已经可以感受到了。

琳达·惠特穆勒(Lina Wertmuller)拍摄的照片中,她的丈夫,编导恩里克·乔布（Enrico Job），如同尼赫鲁（Nehru）一般穿着一件双面布料的、拉链在前的立领夹克，并穿有相配的裤子（Enrico Job，1968：109）。更具创新性的是,1969年的一则广告采用了路易吉·法尔科(Luigi Falco)设计的无翻领、合身的双排扣西装，为了体现现代感，借助拉链将其转变为一体式的!（Falco，1969：26）

然而，除了这种瘦削的现代感之外，杂志的版面也越来越华丽，主要表现为：印花布面料、宝石般的色彩、脖子上打结的丝巾、透明织物和奇异的珠宝。1968年秋，艺术家兼导演安东内洛·阿格里奥蒂（Antonello Aglioti）身着自己设计的条纹领结和衬衫，搭配高腰长裤，吊坠是一块怀表，腰带是一条华丽的印度链子，他在照片中展现了一种浪漫的新摄政美学。

该杂志1969年特刊的一张照片展示了“最勇敢和最无所顾忌的时尚”（Toscani，1969：136-137）。模特维克多·阿内利（Victor Anelli）[8]身穿豹纹丝质衬衫，敞开胸膛，从深色背景中大胆地凝视观众（图2.4）。这张大照片的周围是一些小照片，里面有黄金首饰、毛皮、皮革和动物图案——一个阿拉丁（Aladdin）的装满豪华服装的山洞,而下巴修长,佩戴着流苏,头发凌乱,还戴着一条镶金腰带的阿内利,双臂交叉,目光直视,体现了“无所顾忌”之感，在他挑衅性的姿态和装束中，似乎预示着近十年后朋克的到来。在前几页中，同一个模特穿着一系列迷人的、诱惑力十足的晚礼服，包括一件黑色和金色的半透明天鹅绒衬衫，以及一件宽翻领天鹅绒晚礼服，衬衫领子上配有一条黑色带子，而不是领带（图2.5）。

1971年的*L'Uomo Vogue*再次明确了时尚表现的新形式与男性气质的

7 8 9

di giorno o di sera, con ironia

Victor e Alberto Anelli presentano la moda più coraggiosa e più sfrontata, quella che copia il pelo degli animali o si veste di frange, si allunga fino a terra e sceglie accessori insoliti e divertenti.

1. In seta stampata come la pelle del ghepardo la camicia di Revival. Pantaloni neri che non solo si allargano in fondo, ma hanno anche pieghe dal ginocchio in giù, di Windsor. Cintura di Jana. **2.** Pelle di tigre, su seta, per la camicia gemella della precedente, di Revival. Jeans di pelle nera, Universo, e stivali in cuoio nero, Fiorucci. Cintura di Jana. **3.** Riecheggiano alcuni motivi folkloristici le cinture in vernice, di Sander's, con fibbie dorate. **4.** Il tema delle frange: giacca in camoscio chiaro e corti stivali sfrangiati, di Fiorucci. I pantaloni in jersey e la cintura sono di Missoni, il pullover di cashmere di Barba's. **5.** Il vello di animali preziosi, vero questa volta, anche per le pantofole da casa, di Sander's. **6.** Gli stivali più nuovi sono in cavallino, magari pezzato, come questi, di Cavalli. **7.** Il soprabito scamosciato, chiarissimo, viene da Londra, e si trova da Fiorucci. Maxi, ha un largo collo sagomato, tre cinturini per bottoni, e maniche arricciate alle spalle. Pullover Barba's, pantaloni Missoni, scarpe Nebuloni. **8.** Pelle candida foderata di pelliccia per il **cappotto da sera o da montagna di Caumont. Sotto c'è una tuta** in un sol pezzo **di Valstar. Sciarpa Cardin. 9. Pelo sintetico e soffice, grigio, per il** maxi con i **pantaloni coordinati, di Corsini. Sciarpa della Manifattura Marconcini,** stivali Fiorucci. **10. Di Lauro Righi lo stivale in camoscio scurissimo, stringato** e con suola di para. **11.** In velluto stampato in due toni di marrone bruciato la giacca di Max. Pantaloni Missoni, pullover Barba's. **12.** Le caratteristiche macchie del leopardo per la camicia in jersey, di Windsor. Pantaloni in velluto « tigrato » Pam Pam, cintura da gladiatore con borchie, Sander's.

10 11

12

图 2.4 Toscani, O. (1969). Di giorno o di sera, con ironia. *L'Uomo Vogue* (6), p. 137.

图 2.5 Toscani, O. (1969). Di Sera una Moda Sdrammatizzata. *L'Uomo Vogue* (6), p. 135.

新形式之间的联系（Toscani, 1971：102-104）。一篇题为《新爸爸的新面孔》（*The New Face of the New Dad*）[9]的图文文本［又是由奥利维罗·托斯卡尼（Oliviero Toscani）拍摄的］展示了“22 个爸爸和 28 个孩子”的照片，并宣告：

> 新爸爸象征着一种新的生活方式，一种新的生存方式和行为方式，一个身体和视觉的象征。（他）正在揭开传统家庭等级制度的神秘面纱，创造更公平、更合适的另一种模式，为什么不呢？这样的爸爸无疑更迷人 [……] 这些家伙，当他们把女儿送到幼儿园的时候，会惹得其他孩子号啕大哭，因为他们也想要一个那样的爸爸，这种留着飘逸长发的爸爸在哪里可以找到呢？他们是摄影师、平面设计师、实业家、画家、艺术总监 [……] 他们是真正生活着的人。

就像罗纳德·布莱登九年前在 *Town* 上发表的文章一样，*L'Uomo Vogue* 也宣称，新的年轻人社群正在日益从父辈狭隘的传统身份中解放出来。但是到了 20 世纪 70 年代，在第二次女权主义浪潮的影响下，这种解放不仅在阶级和地理层面上被概念化，而且在性别层面上也被概念化。时尚与父爱、关爱自我与关爱他人之间存在着一种有趣的联系：我们被告知，新爸爸（New Dads）是“时尚男性”，他们不仅代表“一种尖端理念，而且代表一种生活方式”（Toscani, 1971：102）。当然，这样的新爸爸很难成为 20 世纪 70 年代早期的主流代表，但他确实指出，这一时期的特点在于渴望新的、激进的异性恋的男性气质。这样，围绕着 20 世纪 80 年代新男人（New Man）的观念——移情的、反存在的、关怀的、时髦的，显示出更深刻的历史根源。1970 年，杰克·索耶（Jack Sawyer）发表了一篇题为《论男性解放》（on Male Liberation）的文章，主张对主流男性气质的反叛（Goldrick Jones，2003：32-33），并出版了一系列亲女性主义的男性解放书籍，认为压抑情感的“男性性别角色”正在毁坏男性（Bradley，1971；Pleck and Sawyer，1974；Fasteau，1975；Nichols，1975）。从这个意义上说，1971 年 *L'Uomo Vogue* 的文章反映了一系列围绕着男性气质展开的话语的变化，这些话语与更广泛的政治和精神的解放概念有关。

显然，这一时期的 *L'Uomo Vogue* 关注的是相当小众的社会群体。它的页面上满是名流和漂亮的人：对他们来说，一个宽容的社会，或者至少是一个更加自由和开放的社会，已经真正到来了。显然，认为这些表现代表了整个意大利无疑是愚蠢的。尽管如此，这些图片确实反映了意大利战后经济奇迹带来的深刻变化，战后的繁荣将战败的意大利——贫穷且大多是农村——转变为一个主要的经济强国：城市化、受教育程度提高，生活水平也显著提高（Crafts and Toniolo，1996）。意大利著名的时装和纺织业，也是 *L'Uomo Vogue* 的赞助人，在这一经济扩张过程中发挥了不小的作用。事实上，有足够的商业和消费者需求来支撑一个男装出版物，让它能够具有很高的出版价值，且保持对引领性时尚的强烈关注，这表明，到了 20 世纪 60 年代末，更多的人对葆有进取的生活方式的消费形象感兴趣，并效仿他们迷人的审美趣味。

在 20 世纪 60 年代，男装更为激进的发展主要局限于年轻人、时尚和都市情景中，到了 70 年代，一种创新精神开始对男装市场产生更广泛的影响。例如，贸易杂志 *Tailor & Cutter* 在 20 世纪 60 年代初到中期对摩斯族的发展出人意料地保持沉默，但是在 70 年代早期，它的插图和文章展示了越来越广泛的实验性的男装剪裁，也展示了越来越多的新面料剪裁服装的范例，包括双面运动衫、精致的提花织物以及各种结构的合成纤维和混合纤维布。

我的观点是，20 世纪 70 年代男装创新的重要性被严重低估，其价值到现在仍是有待重估的。虽然 20 世纪 70 年代许多男性服装被有效地创造出来，但是，即便是无偏见的服装史，也倾向于将这一时期的男装展现为规范历史中孤立的异质性内容：这一叙事忽略了 20 世纪 70 年代男性时尚和最近发展着的男性时尚之间的联系。

20 世纪 70 年代初出版的 *Tailor & Cutter* 杂志是一份特别有价值的文献，因为它们提供了对于当下的这样一种洞察：试图构想一种男装，这种男装能够应对当下的变化并稳固立足于现代世界。此外，作为一本商业期刊，*Tailor & Cutter* 关注的是如何突出读者感兴趣的商业内容，因此，它所展示的风格创新超越了青年文化或亚文化群体的范围。

一篇题为《巴黎》（“Paris”）的文章中附有两组照片，向读者介绍了法国首都最新的男装系列：一名模特身穿“饰有鸟眼花纹的羊毛精纺长外套，里面搭配高领衬衣，衬衣垂直的口袋紧贴着身体”（图 2.6）。其他照片展现了两件在图案和提花织物方面具有不同剪裁的夹克，还有一件斗篷套装，搭配着束腰短夹克、马裤和高筒皮靴（图 2.7）。文章接着提出：“与罗马这一周左右带来的兴奋相比，巴黎的系列服装相对平淡无奇。”（Paris，1970）值得注意的是，这些服装在今天看来相当大胆，但在 1970 年却被认为不够刺激，这表明当时业界对新奇和变革的渴望。

1971 年 4 月的一张照片，展现了一套合身的、大胆的条纹针织布西装（图 2.8）。夹克式的拉链扣、无翻领、拉链式口袋一起展现了一种现代感，模特以中等步幅出现在照片上（位于一辆跑车前），对角线式的构

794—TAILOR & CUTTER, 21 August, 197

Compared with the excitement of a week or so before in Rome, the Paris Collections were comparatively quiet. Here are five designs from the recent shows, all of them in pure new wool fabrics.

Left: shirt-collared midi coat in wool Donegal-style tweed with flapped patch pockets, worn over wide pants and wool sweater.

Right: Another long coat in birdseye wool worsted, worn over a high-necked tunic with vertical pockets slashed into the body. The topcoat pocket flaps are fakes—there are no pockets at all in it.

The man who invented the Nehru style seems to have gone classic, as can be seen from the two elegant button-2 sports jackets (below). But he makes up for his conservatism in terms of fabric, with two really wild wool fabrics.

图 2.6 Paris. (1970). *Tailor & Cutter,* November 1970 (1153), p. 794.

图 2.7 Paris. (1970). *Tailor & Cutter,* November 1970 (1153), p. 795.

really counts) the emphasis has been quite different.

Though Horne Brothers will be combining both approaches in their re-styled Long Room which opened up in Oxford Street this week (see THE MONTH), most of the garments sold generally will be as conventional as the 20,000 Crimplene jackets which Hepworths plan to make this year. That, incidentally, is exactly 20,000 more than they made last year, though they have done well with Crimplene pants bought outside their own production facilities.

One problem has been that jersey, as such, has had very little appeal to the fashion end of the trade, which continues to be the main sector of growth. At a time when the emphasis there in fabrics is upon texture and other tactile qualities, synthetic and natural fibre jerseys alike have tended to have a bland, rather neutral impact upon the sense of touch.

fashionwise, this shininess could become a bonus point, of course.

One knitter is adding rabbit hair to improve the surface texture, and even cashmere is turning up in a jersey structure. So far, the problem of "pilling" has not been as great as might be expected.

Stroud Riley have produced a Dacron/cotton jersey which is a very cool cloth for summer wear, and which has been very successful on the American market. Like a number of knitters, they are working hard on pure new wool jerseys, which actually require very little development work to answer most of the objections to the knitted structure, apart from the high porosity which is common to all fibre. IWS have also made available a machine washable jersey, but this has tended to mar the aesthetic qualities, producing a rather harder feel. As Richard Stroud says, "People do not appear anxious to wash their suits."

This jump suit in COURTELLE single jersey by Tricot-France shows how plain and jacquard fabrics in co-ordinating shades complement each other. The trousers are in a single jersey rib in pillar box red, and the roll neck top is in a sand red/ jacquard.

Left: made in 100 per cent DACRON jersey from Du Pont, this grey/red striped suit has a zip front and zipped breast pockets. One of the design details is the lack of pockets on the bottom part of the jacket. The suit is made by Young Club, Norway.

图 2.8 *Tailor & Cutter.* (1971). April 30, 1971, p. 7. 左边的模特穿的是挪威“青年俱乐部”的服装。

February 1972 — TAILOR & CUTTER — 11

Left: the prize-winning IFC design from Miguel Diaz, of Barcelona, in pale fawn Double Dacron and wool. The seaming is picked out in what Du Pont call "Dragon Red". This design obviously owes much to the whole jeans influence and is interesting in that it demonstrates how the suit can be made to look sporting and jeansy without any fundamental alterations to cut and make.

Below: the zoot-suit re-visited. Take Six's blue and white birdseye jersey fabric of Double Dacron features a full front zip, wide collar and an elasticated wrist band and pocket top.

图 2.9 Prize-winning IFC Design. (1972). *Tailor & Cutter,* February (5457), p. 11. 由米格尔 · 迪亚兹设计。

成形式暗示着活力。尽管服装看起来随意，但仍保留了一些传统剪裁的精准度。它构成了 *Tailor & Cutter* 的一些特质，可以对西装进行重新构想，使其变得更灵活、更轻、更现代。当然，这与皮尔·卡丹（Pierre Cardin）在 20 世纪 60 年代的男装实验有关联：卡丹不仅在 1960 年开创了那种极简的、不庄重的“圆筒夹克”，而且引入了包括 1967 年“Cosmos 系列”在内的拉链拉紧的球衣款式系列（Blackman，2009：186；Victoria and Albert Museum，2014）。正如 *Tailor & Cutter* 的特点所显示的那样，到 20 世纪 70 年代初，这些围绕男性时尚的更前卫的概念中，有一些正日益被主流所吸收。

一幅来自 *Tailor & Cutter* 1972 年 2 月刊中的图片再次雄辩地说明了这一点：西班牙裁缝米格尔·迪亚兹（Miguel Diaz）用有纹理的羊毛（和聚酯）针织布制作了一件西装，这件西装既吸引了人们对其制造材料的注意，同时暗示人们需要注意衣服下面的身段。形成对照的顶缝线距缝线约 0.5 厘米，凸显出别出心裁的风格线条布局，翻领的宽幅被剪成浅拱，衣领上的扼位只是一条窄缝，以避免打断线条。上衣的前部由两块样板组成，与上身贴合的缝线直接与袖子的错位缝线相接，而袖子的错位又被提出来，在四个样板相遇的地方创造了一个优雅的曲线连接。最后，该口袋是在圆形、矩形和椭圆形的交互作用中产生的，补丁口袋和兜盖巧妙地交织在两个菱形的、面部和顶部缝合的图案之间（图 2.9）。虽然人们很容易被用来记录 20 世纪 70 年代时尚的华而不实的摄影作品分散注意力，但像迪亚兹这样的设计师和裁缝的作品仍然代表了这个时期男装的创新精神，它在构造和轮廓上采用了一种正式而成熟的方法，这种方法源于但超越了传统的剪裁。

类似地，1972年4月版的*Tailor & Cutter*中一篇标题为《另类裤子》（“The alternative pant”）的插图描述了一种绘制裤子图案的新技术，以使轭和侧缝成为一个整体，从而拉长腿部，强调大腿和臀部，并突出其中的构造元素（图2.10）。这表明，20世纪70年代初，创新型男装从业者通过结构和轮廓的作用，找到了将身体置于形式探索的中心的新方法。

在20世纪60年代末和70年代初，男性服装和男性气质被重塑的进一步证据可以在这一时期的科幻电影和电视剧中找到，比如《星际迷航》（*Star Trek*）和《太空1999》（*Space 1999*）中，这些电影和电视剧为男装呈现了各种未来主义的可能性——经常借鉴皮尔·卡丹和帕科·拉班（Paco Rabanne）的设计。这样，60年代末和70年代男装在形式层面上的创新，以及重新想象男装时尚的未来的尝试，应该在一个更大的现代主义计划的语境下来看待，这个计划旨在建立一个更自由的、更无拘无束的、无阶级的男性身体，而且这种形式上的重新想象、穿衣的合理化和20世纪上半叶的服装改革运动之间具有明显延续性。[10] 20世纪60年代末和70年代初的正式的、现代主义的男装形式：修身的剪裁和几何学意义上的成品，将在新千年再度出现，例如在拉夫·西蒙斯为Jil Sander所设计的作品（尤其是2009春季系列作品，其中提到包豪斯和德·斯蒂尔）以及克里斯·万艾思（Kris Van Assche）为Dior Homme所作的系列作品中。从这个意义上说，西蒙斯、斯理曼和卡帕萨等设计师从70年代男装中汲取的灵感，应用到21世纪男性时尚中——包括它们具有创造性的结构、柔软的悬垂衣料、低领口和对身体的关注——与20世纪六七十年代的一系列渐进式变革联系在一起，这些变革将追溯到更早的两次世界大战之间的创新和身体性的内容。[11]

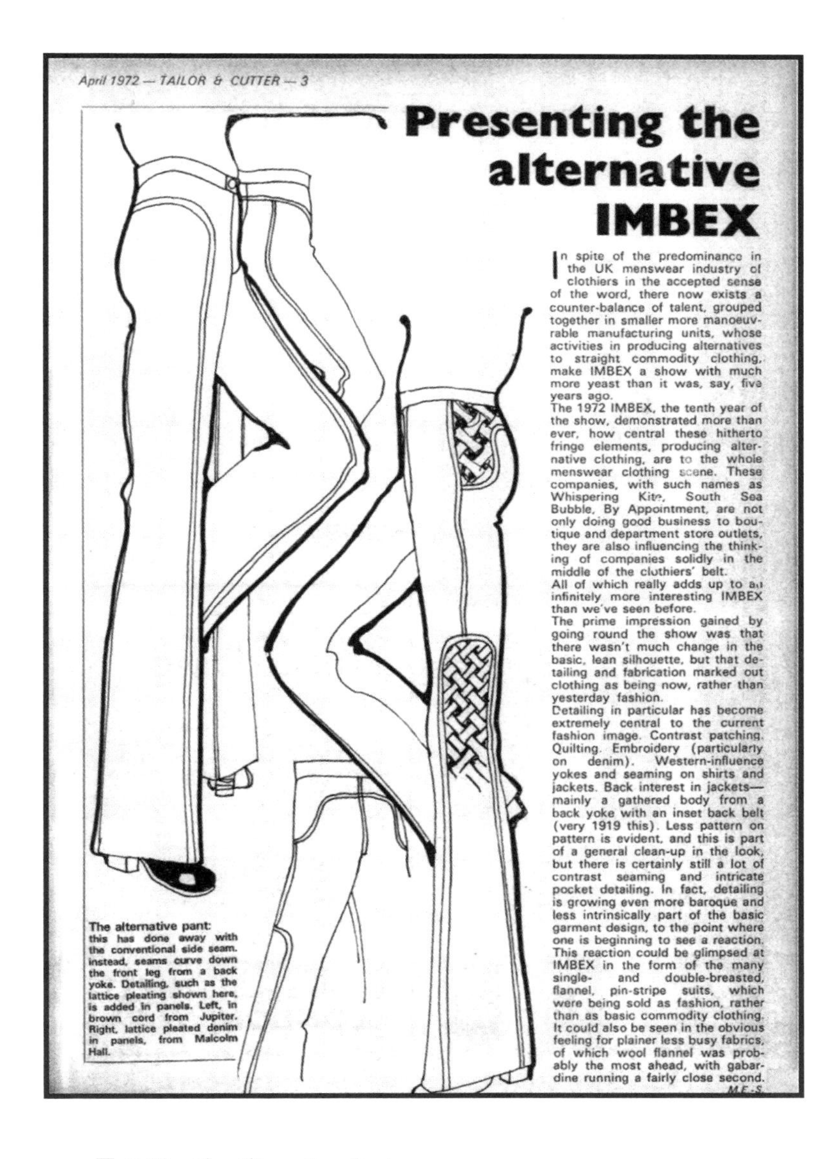

April 1972 — TAILOR & CUTTER — 3

Presenting the alternative IMBEX

In spite of the predominance in the UK menswear industry of clothiers in the accepted sense of the word, there now exists a counter-balance of talent, grouped together in smaller more manoeuvrable manufacturing units, whose activities in producing alternatives to straight commodity clothing, make IMBEX a show with much more yeast than it was, say, five years ago.

The 1972 IMBEX, the tenth year of the show, demonstrated more than ever, how central these hitherto fringe elements, producing alternative clothing, are to the whole menswear clothing scene. These companies, with such names as Whispering Kite, South Sea Bubble, By Appointment, are not only doing good business to boutique and department store outlets, they are also influencing the thinking of companies solidly in the middle of the clothiers' belt.

All of which really adds up to an infinitely more interesting IMBEX than we've seen before.

The prime impression gained by going round the show was that there wasn't much change in the basic, lean silhouette, but that detailing and fabrication marked out clothing as being now, rather than yesterday fashion.

Detailing in particular has become extremely central to the current fashion image. Contrast patching. Quilting. Embroidery (particularly on denim). Western-influence yokes and seaming on shirts and jackets. Back interest in jackets—mainly a gathered body from a back yoke with an inset back belt (very 1919 this). Less pattern on pattern is evident, and this is part of a general clean-up in the look, but there is certainly still a lot of contrast seaming and intricate pocket detailing. In fact, detailing is growing even more baroque and less intrinsically part of the basic garment design, to the point where one is beginning to see a reaction. This reaction could be glimpsed at IMBEX in the form of the many single- and double-breasted, flannel, pin-stripe suits, which were being sold as fashion, rather than as basic commodity clothing. It could also be seen in the obvious feeling for plainer less busy fabrics, of which wool flannel was probably the most ahead, with gabardine running a fairly close second.

M.F.-S.

The alternative pant: this has done away with the conventional side seam. Instead, seams curve down the front leg from a back yoke. Detailing, such as the lattice pleating shown here, is added in panels. Left, in brown cord from Jupiter. Right, lattice pleated denim in panels, from Malcolm Hall.

图 2.10 The Alternative Pant. (1972). *Tailor & Cutter,* April 1972 (5459), p. 3.

SHIRTS WITH A VIEW

This page, palmy pullover with elastic
waist and sleeves by Boutique Sportsw
about $16. Lavishly pleated pants are
able in 16 colors by Boulette Sports
about $25. *Opposite page,* lush desert
ers on a pullover with elasticized wais
Milea/Sinclair, Ltd., about $12. Plain-fro
pants by Boulette Sportswear, about $25

Her clothes: top by Milea/Sinclair, Ltd.; pants by Levi's for

TUNISIA
THE OTHER AFRICA
PHOTOGRAPHED AT
THE OASIS OF GABES

图 2.11 Salvati, J. (1973). Shirts with a view. *Gentlemen's Quarterly,* 4 (43), p. 82.

在大西洋的另一岸，美国 *GQ* 杂志也捕捉到了 20 世纪 70 年代男装的性感、肉体情调，推动了多彩的时装的发展，通过其合身和剪裁吸引人们对男性身材的关注。1973 年夏季版的 *GQ* 以多样的造型为特色，模特们下身穿着简洁的尼龙泳裤，上面印有精致的抽象图案，上身穿着轻薄的旅行装，懒洋洋地躺在突尼斯一家夜总会的阳台上，在北非荒凉的景色和明亮的蓝天的背景下摆出姿势（*Gentlemen's Quarterly*，1973：58-68，96-99）。在这一期，自始至终，图案生动的面料、鲜艳的颜色以及对合身性的强调（尤其是腰部）占据主导地位（Burdine，1973：22）。其中一张照片聚焦了一个穿着短袖夏威夷衬衫的模特，衬衫的黑色背景下印有绿松石和柔软的粉色棕榈图案。这件衬衫被剪短了，正好贴合自然的腰部，下摆与运动衫的条纹相得益彰——在明媚的阳光下，面带微笑的模特身穿这件衣服，搭配一条高腰、打褶、灰粉色的裤子（图 2.11）。这是一套服装——也许和这十年的许多服装一样——混淆了我们当代的“品位”观念：它的旺盛，它的缺乏克制，它的沉迷于享乐，抵制了布尔迪厄所说的**纯粹的凝视**[12]，而要求“轻松地参与和通俗地享受”（Bourdieu，1984：447）。正如我所指出的，近年来，70 年代超越品位等级的时尚得到了某种复兴，这张 1972 年的照片和 2016 春夏 Louis Vuitton 男装系列之间的审美相似性令我震惊——它们都有的翻领、东方元素和鲜艳的色彩。从这个意义上说，70 年代男装对当代设计师的重要性在于它与限定性的、传统的保守品位不同。

这种男装时尚的俏皮感一直延续到 20 世纪 70 年代中期：在 1976 年 5 月和 7 月 /8 月出版的 *L'Uomo Vogue* 中，对各种照片的色彩和纹理的自信运用体现了一种游戏感。模特们微笑着，穿着暖色的、生动的、高对比度色调的异域图案服装；一切都沐浴在阳光中，似乎天真而快乐（*Valentino a Vent'Anni*，1976：163）。与几年前的 *Tailor & Cutter* 相比，这里的重点较少放在剪裁的现代化转型上，更多的是放在各式各样的颜色、图案和制作上。尽管如此，这一杂志也如同之前的例子一样，它的各种特征和时尚故事中所传达的总体情感是充满可能性的、能量十足的、乐观的和愉悦的。

20 世纪 70 年代无疑生产了一批令人兴奋的男装。最迷人的当属裁缝兼设计师弗雷迪·伯雷蒂为大卫·鲍伊设计的俏皮而剪裁精致的西装和连体裤，以及裁缝汤米·纳特（Tommy Nutter）和爱德华·塞克斯顿（Edward Sexton）那些更具商业价值的作品，他们为米克·贾格尔、鲍伊、披头士乐队以及其他许多人设计衣服（这对于这十年整体轮廓的定义具有重大意义）。在这片星光闪耀的天空之外，*Men's Wear*、*Tailor & Cutter*、*GQ* 和 *L'Uomo Vogue* 的图像展示了在不同层次的市场上，不太知名的设计师和裁缝是如何进行创新性男装设计的：他们是探索新技术和新材料的实践者，使男性时尚往往以优雅的效果出现，以满足现代男士的需求和欲望。

20 世纪 60 年代和 70 年代初，男装呈现越来越自由的发展趋势：使用了创新的剪裁方式，更为合身，并运用了更多的颜色和图案。然而，到了 20 世纪 70 年代末，男性的时尚——和整体的时尚——呈现出一种更加柔和、怀旧、安静的浪漫气质。模特们在崎岖的荒原上漫步，头发凌乱，穿着漂亮的费尔岛（Fair Isle）针织衫和灯芯绒裤子，或者可能靠在废弃农舍的剥落的墙壁上，以唤起一种朴素的贫穷艺术（Arte Povera）的风格。在这十年的后半期，男装以其嬉皮、民俗元素和独特的贴身剪裁保留了一种可识别的特征，使其区别于“二战”之后的男装和更普遍的“传统男装”。不过，在这十年的后半期，男装的活力、色彩和创新相比前五年呈逐渐减弱的趋势。

除了主流男装的这些发展之外，20 世纪 70 年代的亚文化也在不断发展，最显著的是在这十年中期兴起的在大西洋两岸出现的原朋克（proto-punk）和朋克风格。与摩斯族向往享乐主义不同，他们遵奉世界主义，或者说嬉皮士的理念，朋克和嬉皮士在无政府主义和否定性的层面上是一致的：以一种摒弃和否定的姿态，而不是乌托邦式的姿态，来拒绝主流的异性恋社会，这是“空虚的一代”（blank generation）的代表性理念，他们可以“随时接受或离开”（Hell，1977）。20 世纪 70 年代末，男装越来越安静和怀旧，相反，朋克具有反叛性的“整合美学”（bricolé）似乎与这一时期的经济和政治的不确定性有关。在 20 世纪 60 年代的经济繁荣和 1973 年石油危机之后的几年里，欧美发达经济体面临着高通胀和失业率不断上升的问题，这些问题逐渐抑制了大众文化中的乐观情绪。经济增长的停滞、罢工和劳工骚乱、英美城市人口的减少、远东经济体竞争力的增强，这些都是欧美国家衰落的原因。然而，尽管这一时期的经济受到冲击，对于英国和欧洲大部分地区的大多数普通人来说，20 世纪 70 年代仍然是一个空前富裕且社会和文化自由的时期（Baumol，1986：1075；Forster and Harper，2010：4-9；Office for National Statistics，2013）。这种富足和自由的感觉，可以在这十年里充满创意的、丰富多彩的、有时俗气但很少无聊的男装中强烈地感受到。

20 世纪 80 年代

正是从那段充满不确定性的时期发展而来并对其作出回应，20 世纪

80 年代（特别是在英国和美国）是左翼和右翼双方激烈对立的十年；是凯恩斯战后共识被决定性粉碎的十年；是金融放松管制的十年，高失业率、快速的去工业化以及与之相关的对工人阶级社区的破坏。也是这样的十年：青年和街头文化中充满活力的、风格多样的群落开始兴起，市场不断扩大，且出现了围绕受威胁的阶级身份和性别、性和种族的政治组织起来的一系列多种多样的抵抗政治。随着越来越多的女性进入劳动力市场（Office for National Statistics，2013），传统上以男性为主的行业受到威胁，一系列的话语和焦虑围绕着男性气质的变化展开，出现了备受争议的形象——新男人。

时间跨度在 1982 年到 1989 年的消费热潮，比 20 世纪 50 年代末到 70 年代初的战后富裕时期，时间更短，程度也更小（Mort，1996：2）。尽管如此，它的出现对于某些人来说，仍然标志着一系列在经济和政治层面，以及在智识思想方面的巨大转变。现代主义、福特主义的范式让位给了后现代伦理学和美学：新近放松管制的金融业蓬勃发展，广告、设计、营销、预测和商品销售等图像产业（image industries）也蓬勃发展。这正是鲍德里亚（Baudrillard，[1972]1981；[1981]2010）预言的带着符号和象征、闪光感和表层光泽的旋转过山车，因为销售、消费和宣传的业务日益超过制造业（尤其是在英国和美国）。

这些多元的、发散的、交叉的话语反映了这一时期的男装风格。它们出现在作为 20 世纪 80 年代流行形象的情欲化的男性身体中；出现在 *GQ* 的宽肩尖头西装和条纹衬衫中；出现在乔治·阿玛尼（Giorgio Armani）和山本耀司（Yohji Yamamoto）具有新风尚的随意剪裁中；出现在具有激进的、出格的、同性恋的、雌雄同体美学的杂志中，如 *The Face*、*Blitz* 和 *i-D*。

这样，时尚既是当时新的经济自由主义的一种表现，传达了人们的抱负、财富和推销自己的需要。同时，在其更年轻的文化和前卫的表现中，它也是抵抗撒切尔主义和里根主义政治的一个关键场所。

翻阅 *GQ* 的备份复印本，人们可能会认为，除了垫肩的商务时尚和勤于健身的健壮模特，几乎没有更多的 20 世纪 80 年代男性时尚。但是，这种印象掩盖了一个更复杂的现实：男装已经分流。低调的 40 年代风格的剪裁重新流行起来，像 *Esquire*、*L'Uomo Vogue* 和 *GQ* 这样的杂志所提倡的男装比之前十年更单调，更加男性化，更缺乏形式上的创新。它们是一种雄心勃勃但相当安全的男装，其基础是一系列原型的复兴——穿着花呢衣服的乡村绅士，穿着朴素西装、肩膀宽阔的商人，穿着运动装或牛仔裤、半裸状态的大块头。

另一方面，在 20 世纪 80 年代早期和中期，亚文化和青年文化的男装被认为比之前或之后的任何时候都更激进和更具侵略性。这种前卫的男装——起源于夜店、街头风格，来自同一亚文化背景下的一些造型师、设计师[13]、音乐家和时尚圈的男人们——得到了新的、实验性的、不循规蹈矩的“时尚杂志”的支持。*The Face*、*Blitz*、*i-D* 和 *Time Out* 这样的杂志在当代文化中所占据的空间与建制化的音乐与时尚杂志不同，它们领先后者并和后者共存：这些杂志以有趣而精到的敏感性、前沿的平面设计、高雅文化和通俗文化的结合，将街头风格和青年文化进行了记录和编写。

The Face 的设计师内维尔·布罗迪（Neville Brody）的版面设计自由地结合了建构主义、包豪斯风格和达达主义的图形语言，以及企业标志和手绘元素，呼应了他所布局的时尚故事的拼贴美学。在名为《新时尚名流》（“The New Glitterati”，Furmanovsky and Russell Powell，1984：47-49）的一组照

片中，“伦敦俱乐部圈子里的两张面孔”理查德（Richard）和乔舒亚（Joshua）出现在孔雀羽毛喷雾前，背景灯光格外明亮。在两张照片中——一张是理查德的上身和头部的黑白特写（图 2.12），另一张是全身像（Furmanovsky and Russell Powell，1984：48）——俱乐部小子穿着他自己设计的非凡的衣服。他戴着一顶仿制的摩托车帽，由于珠宝的加入，帽子被进一步颠覆了；穿着一套由宽大翻领夹克和深褶长裤组成的佐特套装，衣服上是滑稽的红、黄、黑格子夹杂的花纹（银线）——它的恋物癖、朋克美学与奢华的、粘贴在衣领和前襟上的珠宝并置在一起；自制的亮片吊带；银色的卢勒克斯材质的袜子；还有喷漆高帮运动鞋。他摆出自信的姿势，几乎像在电影中一样，扮演一个自信、迷人的明星。

这种男装造型和再现的创新方法在 20 世纪 80 年代早期到中期的时尚媒体的任何一个镜头中都能很明显地体现出来。1983 年 5 月，*Blitz* 杂志的一篇文章介绍了设计师艾尔玛兹·胡塞因（Elmaz Huseyin），她设计的手绘衬衫和背心，与水手帽和短裤一起被模特穿着，模特躺在地板上，地板上装饰着与衣服上类似的漩涡图案（Webb and Owen，1983：28）。一年后，在一个名为“放松！”（Relax！）的时尚故事中——同样是在 *Blitz* 上——在这一系列照片中，Fiorucci 的运动服、Lonsdale 的拳击服与皮革吊带、鞋钉和链条被组合在一起，赤胸模特们摆出格斗的姿势（Siwan and Brown，1984：34-35）。

更形象的一组图像是 1986 年 9 月斯蒂芬·林纳德（Stephen Linard）刊登在 *The Face* 上的照片故事“地狱天使：英国男装起飞”（Linard and McCabe，1986：44-51）。在模特们分别戴着王冠、牛仔帽、遮羞布、橡胶手套的一组照片中，出现了一张令人难以置信的照片。一个人轮廓鲜

THE NEW GLITTERATI

STYLE

RICHARD (above) and Joshua are faces on the London clubscene, integral parts of the new glitterati. Richard, who works in Chelsea's Great Gear Market, used to share a flat with Boy George, Joshua (see over page) was at the London College of Fashion for six months but dropped out because "all we did was play pool all the time". He wears two of everything because he likes "layers". This time last year he insists he was wearing dresses with a green donkey jacket and mountaineering boots. "It's important that people can step back and laugh at themselves and what they're wearing. I don't want all that glam-rock rubbish coming back – there was no style then, they were so tasteless. Last week Tasty Tim (the DJ at the Mud Club and Heaven) was wearing a green jumpsuit with bell-bottoms, and a pink shirt underneath with collars that came out to his shoulders . . . but I think he's still laughing at himself. Fashion's a silly word anyway." Richard says these are his working clothes. "This time last year I was wearing American football clothes and tracksuits. I don't know where I get my ideas from – other people I suppose. I like the Worlds End stuff, like my Keith Haring jacket, but I think Vivienne Westwood is very egotistical. There isn't a glam-rock revival at all. People are misinterpreting what's happening – it's just that people are coming out of the Dark Ages of studs, spikes and black, and are looking healthy. Money is in. Everything's for show, people want to be bright and glittery again. Glamour is definitely back, but not glam-rock. Fashion works in opposites – it was obvious that fashion was going to go from the austere extreme to the glamorous extreme. Living with George gave me a lot of self-confidence to wear what I want and not care what people say."

Text **Fiona Russell Powell**
Photography **Jill Furmanovsky**

THE FACE 47

图 **2.12** Furmanovsky, J. and Russell Powell, F. (1984). "The New Glitterati," *The Face*, p. 47.

图 2.13 Linard, S. and McCabe, E. (1986). “British Menswear Takes Flight: London Calling,” *The Face,* p. 46.

明，穿着金色的衣服在镜框里大步走过：金属皮裤；镀金的流苏皮夹克；叠跟牛仔靴；戴着大量闪闪发光的服装首饰，头上绑着金色的塑料翅膀，像是现代版的墨丘利（Mercury）[1]。模特的后腿伸展，头向后仰，发出痛苦的号叫，而他的左手将一把金柄匕首插入自己的心脏——这是一个极其迷人的自我毁灭的行为（图 2.13）。

将各种形式的服装汇集在一起——具有恋物癖意味的衣服、运动服、当代男装、玩具和小饰品——这些照片展示了造型的重要性，这是 20 世纪 80 年代出现的一种改变时尚摄影的现象和职业。像伊恩 · R. 韦伯（Iain R.Webb）、西蒙 · 福克斯顿（Simon Foxton）和雷 · 佩特里（Ray Petri）这样的造型师将定制和重组与亚文化相关的服装的做法带入了时尚界。[14] 就像 Blitz、Cha-Cha、Le Kilt、Beatroute、WAG、Taboo 等夜总会的场景一样（Webb，2015），前卫的造型和时尚摄影——聚焦于像《午夜牛郎》（*Midnight Cowboys*）、《雾港水手》（*Querelles*）、《粉红水仙》（*Pink Narcissus*）这样的电影中的引人注目的角色——往往有着强烈酷儿（queer）的潜台词。

如果说 20 世纪 60 年代的时尚是文化混杂的结果，那么 80 年代的青年文化时尚又在多大程度上是混杂和混合的呢？它在折中地吸取过去图景和历史瞬间的同时，又将这些元素进行了俏皮的对比和并置。与早期的亚文化不同，*The Face* 记录的“新时尚名流”的成员们并不聚焦于把他们的风格进行混合：正如迪克 · 赫布迪格（Dick Hebdige，1979）所描述的那样，朋克的遗产在于，一种外观和身份的明显的拼贴方法已然合法化。

[1] 墨丘利是罗马神话中众神的使者，以及畜牧、小偷、商业、交通、旅游和体育之神，罗马十二主神之一。他的形象一般是头戴一顶插有双翅的帽子、脚穿飞行鞋、手握魔杖、行走如飞的中年男人。——译注

在构成这些图像的服装、姿势、拍摄和断断续续的交叉印刷等元素中，有一种故意的展演的感觉——一种揭示身份的内在戏剧性的欲望，一种陶醉于性别的易变性和矛盾性的冲动。20世纪六七十年代的男装颠覆了规范的男性气质，在外形和轮廓的层面上进行了创新，但 *The Face*、*Blitz* 和 *i-D* 等杂志刻意采用的坎普的方式却有其独特之处——“对夸张的、脱离其正常性质的事物的爱”——是更为广泛激进的后现代情感的一部分。

蒂姆·爱德华兹（Tim Edwards，1997：43）认为，*The Face* 等杂志所展现的和一个小范围的俱乐部场面所散发的前卫风格，就其最纯粹的形式来说，只有少数聚集在城市中心的高时尚素养的年轻人才有机会接触。然而，20世纪80年代早期和中期，亚文化男性时尚的雌雄同体性和表演性，其引起共鸣的范围远远超出了出没于苏豪区和考文特花园（Covent Garden）的冷冰冰的行家们。新浪漫主义（New Romantic）/ 闪电小子（Blitz Kid）/ 新浪潮（New Wave）的盛装打扮的场面出现在像 Billy's 和 Blitz 这样的俱乐部里，这里不仅出现了造型师和时装设计师，还出现了包括 Spandau Ballet、Sigue Sigue Sputnik 和 Visage 在内的乐队。此外，20世纪70年代末和80年代的后朋克合成音乐人（synth-based），包括 The Human League、Depeche Mode、Gary Newman、Soft Cell and Japan，尽管起源于不同的地理环境中[15]，不过却具有一组共同的视觉和听觉参照——大卫·鲍伊、洛克西音乐团（Roxy Music）、发电站乐队，朋克精神、魏玛时期的颓废和包豪斯的高等现代主义——这些和 Blitz 俱乐部中的文化非常相似，并定义了这个时期的外观和感觉。因此，在20世纪80年代，你不必去一个阴暗的角落见识那些涂着口红、梳着大背头的男人，你只需要打开电视，收看“流行音乐之巅”（Top of the pop），或者买一本热门的青少年音乐杂

志 *Smash Hits* 就行了！1984 年 12 月的一张封面照片中，Depeche Mode 乐队的马汀·高尔（Martin Gore）——嘴唇涂了胭脂，眼圈涂了眼影，还留了个过氧化氢漂白的发型——在深红色背景下熠熠生辉。他穿着一件黑色蕾丝睡衣，睡衣拉下后露出肩膀、胸部和一个乳头，还穿了一件带手铐的皮革迷你裙，摆出性感的时尚姿势，而身后的乐队成员则陷入诡异的红色光芒中（图 2.14）。

尽管时尚和音乐的新浪潮有着企业家般的精神（体现在他们的自制服装和手工焊接的音响合成器上），但这并不是保守党政府心目中的英国经济复兴的应有形象。这种反感是相互的，Depeche Mode 乐队写了一首歌，以歌词“抓住了他们手中的一切”来批判当代资本主义。在时尚界，设计师伊恩·R. 韦伯（Webb and Lewis，1986）在模特的衣服上潦草地写下反消费主义的信息，而雷·佩特里则赞扬一种前卫和多元文化的审美观，或者如同弗兰克·莫特所说的那样，“穿着 Dole 风格的衣服在街角闲逛”（1987：193）。在这个意义上，自我意识的混合，流动，新浪潮 / 新浪漫主义时尚和音乐的世界主义——连同它的 DIY 精神——代表了对 20 世纪 80 年代英国（和美国）社会保守主义和沙文主义的政治复兴的一种根本性的拒绝（以及对撒切尔夫人执政期间持续存在的高失业率的创造性回应）。

爱德华兹指出，相对而言，很少有人阅读新风格的杂志——*The Face*、*Blitz* 和 *i-D*——但它们对文化中间人和生产者（记者、媒体工作者和设计师）的影响是巨大的。因此，新浪潮 / 新浪漫主义风格被广泛传播开来——尽管是以一种稀释的形式。例如，大众市场的高街时尚零售商 C&A 在 1985 年推出了 Avanti——“一种新的快速化妆的品牌 [……] 不要

图 **2.14** Watson, E. (1984). “Front Cover,” *Smash Hits,* p. 1.

被落在后面。”广告上刊登了一幅照片，照片中有一个戴着链条的男性模特，这张照片很大程度上借鉴了 *The Face* 和 *Blitz*（1985：9）的美学。更为普遍的是，年轻人在 20 世纪 80 年代的时尚风格，包括独特的夹克衫轮廓、闪亮的休闲服和爆炸头，变得越来越流行和商业化。在一次个人采访中，作为最早认真关注当代男性时尚的理论家之一，弗兰克·莫特是这样描述 80 年代新一代男装消费者的到来的：

> 我第一次注意到，当我在诺里奇（Norwich）的时候，一些新的事情正在发生。年轻人正在以一种新的方式展现自己，他们的穿着、样式和发型都像乔治·迈克尔（George Michael）。这种变化并不是在学术文献中，而是在营销文本中出现，我把这看成是一种超越图像的现象：男性身体在营销中的运用，以及企业利用更为复杂的市场细分和人口统计信息来瞄准男性消费者的方式，都有一些明显的新奇之处。（Mort，2016[interviewed in] McCauley Bowstead，2016）

20 世纪 60 年代和 70 年代是服装在形式、结构和制作方面进行创新的时期，从这个意义上说，80 年代的美学转变可以看作是从这些之前的创新中发展出来的。然而，正如莫特（Mort）所说的，20 世纪 80 年代男性造型和时尚的独特之处在于，它通过一种日益复杂的、差异化的媒介进行营销、推广和传播，同时这一时期也开创性地在广告和时尚摄影中展示男性身体。

正如我将在下一章中更详细地探讨的那样，正是在 20 世纪 80 年代，男性的身体明确无疑地成为主流时尚形象中女性和同性恋观看者[16]凝视的客体。20 世纪 60 年代末和 70 年代的服装和时尚摄影，常常以色情的方式吸引人们对男性形体的关注，因此 80 年代男性身体向性感化转变的根源在于之前大量的媒体实践。但是，在 *L'Uomo Vogue* 杂志上的一张裸体模特的照片（从 20 世纪 60 年代末开始出现在男性时尚杂志上的一种表现形式），与一块印着撑竿跳高运动员汤姆 · 辛特纳斯（Tom Hintnaus）穿着暴露的、矗立在时代广场上的巨大广告牌之间有很大的不同：后者明显是 80 年代才有的现象（Weber，1982）。在 20 世纪 70 年代，当广告使性感的男性气质逐渐凸现时，常常以男性和女性模特一起嬉戏为特征（Jobling，2014：155），而到了 20 世纪 80 年代，图像的再现已然不同，之前被抑制的单独的男性模特开始出现，他的身体以前只与特定女性形象联系在一起，在这一时期则被直接展现为欲望的客体。

从某种意义上说，男性身体作为欲望对象的回归代表着文艺复兴、巴洛克和新古典主义关于男性身体的表现形式的回归，正如杰曼 · 格里尔（Germaine Greer）在她的书《男孩》（*The Boy*）中所提出的那样，男性身体常常被高度色情化。不过，鉴于新古典主义雕塑和绘画使用神话、古典主义和虔诚作为裸体的托词，80 年代的广告也采用规范性的、强大、无产阶级男性气质为象征，以抵消这些表现形式的颠覆性。

● 全副武装 / 西装革履

20 世纪 80 年代的 *The Face*、*Blitz* 和 *i-D* 的前卫观念以及极端亚文化风格的另一面是一种自我意识的保守主义，尤其体现在诸如 *GQ*、*L'Uomo Vogue* 和 *Esquire* 等杂志上的男装中。在 Valentino、Ermenegildo Zegna 和 Ralph Lauren 等大名鼎鼎的品牌中，40 年代的怀旧情绪占据了主导地位。

N. 巴克斯（N.Backes）为 Valentino 1983 秋冬系列做了一个手绘广告，广告中充满了怀旧的气息：好莱坞黄金时代的一位匿名的万人迷穿着一件宽肩、尖顶、剪裁精致的翻领夹克，并用淡雅柔和的色彩和轻柔的笔触渲染出这样一个形象，再加上对脸部略带装饰艺术（Art Deco）的处理和如同莱恩德克尔（Leyendecker）画作的姿势，突出了令人怀念的过去的回忆[17]（Backes，1983：231)。在 20 世纪 70 年代创新性的剪裁和制作之后，这种回归保守、低调的剪裁并不总是如此明显地体现出它的复古风格。在 1982 年 7 月的 *L'Uomo Vogue* 中，80 年代男装的关键人物乔治 · 阿玛尼的一套服装以模特突出的下巴、垫肩和宽翻领巧妙地展现 40 年代的古典主义风格。尽管如此，阿玛尼成名的方方正正的无结构服装，以及高质感面料的运用，牢牢地定位在 20 世纪末的形象中（Metropolitan Look，1982)。6 年后，*GQ* 杂志的双页封面以一种更直白的方式关联着 20 世纪 40 年代：一位酷似亨弗莱 · 鲍嘉（Humphrey Bogart）的模特，穿着风衣和浅顶呢帽, 和穿着过时短裙的替身一起重现了英格丽 · 褒曼（Ingrid Bergman）的最后告别（Casablanca， 1988：164-165)。

这些杂志不仅与同时期的创新风格的报刊有显著的区别，而且其怀旧美学与早期的同类期刊也形成了鲜明的对比。事实上，回顾一下像 *GQ* 和 *L'Uomo Vogue* 这样的早期期刊——它们在 20 世纪 70 年代以鲜明和创新的风格为特色——这种变化是惊人的，而且相对突然。与几年前的杂志中展现的内容相比，这些时装似乎失去了之前 10 年的多彩和乐趣。

这种古典主义的感觉也体现在 20 世纪 80 年代另一组标志性的再现中：明显刚从一场火药味十足的商业收购中脱颖而出的、衣着光鲜的行业领袖，出现在这个时代的许多时尚摄影和广告中。例如，在 1983 年 9

月的 *GQ* 中，展示了一套单排扣的 Giorgio Armani 西装，上面有纹理丰富的“成熟编织”，搭配大胆的条纹衬衫、丝绸领带和《华尔街日报》（*The Wall Street Journal*）的复印件，所有这些都是一位成熟而严肃的高管设计的。翻过一页，一个拿着点燃的雪茄的高个子飞行员穿着罗伯特·斯托克（Robert Stock）设计的羊毛花呢西装——“全美国的传统”（Texture and pattern，1983：278-279）。在同一期杂志上，设计师杰夫·班克斯（Jeff Banks）为两位身材高大的模特做了广告，他们穿着商业风格的细条纹衣服和大衣，刻意地凝视着远处一组完全现代派的布景。1988 年 3 月，*GQ* 杂志的一张照片也使用了现代主义美学，体现在所有的莫霍利 - 纳吉（Maholy-Nagy）式的对角线和勒·柯布西耶（Le Corbusier）风格的家具中。模特们穿的宽肩双排扣西装、轮廓鲜明的造型、摄影师角度精妙的构图赋予了这些照片一种厚重的精神和一种凝固的活力感，附页上写着“色调庄重和剪裁传统的西装定义了本季最具影响力的形象”（图 2.15）。

这种倾向于庄重色调和标志性风格的经典男装，与主流关于男性生活的杂志的扩张有关，因为它试图超越对时尚有专门兴趣的读者，转向更普通的男性消费者。正如肖恩·尼克松（Nixon，1996：136-143）和弗兰克·莫特（Mort，1996：73-76）所描述的那样，20 世纪 80 年代是男性杂志雄心勃勃、不断扩张的时期。

然而，同样重要的是，消费者的愿望正在发生更广泛的变化，尤其是那些在美国和英国经济金融化以及服务业重新调整的过程中崛起的年轻专业化“雅皮士”（yuppie）。这一消费者当然想要看起来很时髦——也愿意在高端产品上花钱——但最重要的是，他想要看起来专业和成功，因此 *GQ* 规定的“严肃色调和传统剪裁”（也许条纹或对比色领衬衫会让

图 2.15 “Desk Set” (1988). *Gentlemen's Quarterly,* pp. 310–311.

整体显得更有活力）再次流行起来。社会学家蒂姆·爱德华兹将雅皮士的这种审美称为“企业权力的外观”，他认为这意味着“金钱、工作和成功等传统男性价值观的回归”（Edwards，1997：42）。

撒切尔主义及其兄弟信条里根主义代表了一种奇怪的混合体：革命经济学、对50年代社会习俗的怀旧、虚无主义[18]和威权主义，这些东西在本质上融合在一起，具有明显的后现代主义色彩。撒切尔主义和里根主义的政治特征不仅仅是对凯恩斯主义的批判（以及经济从制造业和采掘业的转移）。他们还对20世纪60年代和70年代的许多社会发展——大众想象中的“自由社会”——表示了排斥。因此，这一时期的文化政治备受争议，进步派和保守派、左派和右派之间存在着尖锐的分歧。“新男人”的崛起，伴随着充满活力、颠覆性的青年文化，与霸权文化中更为普遍的转变形成了鲜明对比。霸权文化转向了社会保守主义、“传统”性别角色，以及20世纪90年代初被称为“家庭价值观”的论调。这种霸权价值观的转变可以从当时保守媒体的道德恐慌中察觉出来——将新萌生的性别意识与情绪化道德愤怒联系起来——它也表现在关于价值观的数据中。英国社会价值观调查显示，在1984年至1987年间，越来越多的人支持“男人的工作是挣钱；女人的工作是照顾家庭和家人”（Scott and Clery，2013）。同一项调查显示，在20世纪80年代，人们对同性恋的态度趋于强硬[19]（Park And Rhead，2013）。

因此，对传统的、“真实的”男性气质的渴望反映在这十年的时尚中，或许并不令人惊讶。这种趋势不仅体现在保守的剪裁上，也体现在日益怀旧的休闲装上，尤其是在20世纪80年代末和90年代初。例如，Levi's在1989年推出的“常规斜纹棉布裤”（regulation chinos）广告就采用了单页翻印杂志中风景明信片的形式。黑白照片显示，一个身穿斜纹棉布裤的年轻人漫步在维多利亚时代一个巨大的火车站里，置身于一片模糊的城市景观之中：这些照片的图形框架显然是为了唤起 20 世纪 40 年代的记忆（尽管模特的后梳式发型和皮夹克让人想起 20 世纪 50 年代）。封面上写着："Levi Strauss 常规斜纹棉布裤。在 1944 年，你买不到，你必须自己赚取它"——几页之后，紧挨着一张飞行员从陷入困境的飞机跳出的照片，这一标语再次被重复（Watson，Bradshaw and Tango Design，1989：5）。从这个意义上讲，这则广告显示出，在 20 世纪 80 年代末和 90 年代初，男装越来越多地借鉴一套使人安心的男性原型：行为大胆的男人、军人和无产阶级肌肉男。在男性气质商品化的背景下，女性劳动力迅速增加，传统男性制造业面临衰落，主流时尚和营销带有社会保守主义的普遍情绪，从而以一种活跃的、肌肉发达的、"正宗的"男性气质作为回应。

● 真实与反讽

到 20 世纪 90 年代的头几年，免税和放松金融管制等措施已不足以刺激萎靡的经济，经济衰退席卷了世界上很多地区。正如可可·香奈儿（Coco Chanel）曾经宣称的那样，"艰难的时期唤起了人们对真实性的本能渴望"（Chanel，1932，转引自 Bott，2007：94）。这样一来，起源于 20 世纪 80 年代的男装更安静、更怀旧、更缺少创意的趋势，在 90 年代的男装时尚中变得更加明显。

不过导致男装停滞不前的不仅仅是经济。时装业的同性恋和双性恋男性比例很高，他们在这一时期受到艾滋病蔓延的严重打击（在抗逆转录病毒药物问世之前，西欧和美国的死亡人数在 20 世纪 90 年代的头几年达到高峰）。在我对男装记者兼评论员查理·波特的采访中，他强调了艾滋病在 20 世纪 80 年代末和 90 年代初对男装时尚的毁灭性影响。

无论是在纽约，还是在伦敦，在艾滋病危机爆发之前，男装都曾一度繁荣。然后艾滋病来了。许多设计师——佩里·埃利斯（Perry Ellis）、李·赖特（Lee Wright）和威利·史密斯（Willi Smith）——都去世了。但除了设计师的消亡，还有造型师（比如伦敦的雷·佩特里）、发型师、时尚店工作人员、商场装配工，以及一大批顾客。当一个行业的很大一部分人几乎在一夜之间消失时，伴随而来的基础设施、人脉、知识和遗产的流失是无法轻易得到替换的（Porter，2016 [interviewed in] McCauley Bowstead，2016）。

艾滋病不仅冲击了更成熟的纽约时尚产业，还对新浪漫主义的亚文化产生了重大影响，20 世纪 80 年代英国时尚领域的大部分能量都是从这个亚文化中生发出来的。DJ、艺术家、前俱乐部成员杰弗瑞·辛顿（Jeffery Hinton）这样说：

> 艾滋病不仅对纽约、美国，而且对全球的创意力量（如时装）都造成了毁灭性的打击。我想说我大约 80% 的朋友都在这段时间去世了。（Hinton，2013，转引自 Crane TV，2013）

斯嘉丽·卡农（Scarlett Canon）经营着著名的夜店 Cha-Cha，并为杂志 *i-D*、*Blitz* 和时尚品牌 Body Map 当模特，她将艾滋病大流行时期的生活经验比作战争："你不应该在 20 多岁的时候看着你的朋友们一个个死去。"（Canon，2013，转引自 Crane TV，2013）

正如波特所说，直到千禧年之交，随着新一代设计师和时尚专业人士的出现，男装时尚才开始重拾往日的能量和活力。除了病毒的直接影响外，艾滋病引发的焦虑也让人产生了一种更普遍的文化保守主义情绪，这种文化保守主义情绪与 20 世纪 80 年代末和 90 年代初越来越多的对同性恋的污名化有关（Park and Rhead，2013）。这种保守的情绪倾向于阻止男性气质越轨和怪异的表现形式，防止它像 20 世纪 80 年代初那样深入到主流大众文化之中。[20]

在这种压抑和焦虑的情绪中，20 世纪 90 年代初期和中期的男性时尚往往会倒退到一套正统的能指上，这种正统往往会被些微的反讽巧妙地破坏（图 2.16）。1994 春夏版的 *Arena Homme+* 中，正统男性气质的表现模式很受欢迎，其中包括军装。一篇题为“军事精度”的文章——也许参考了最近的海湾战争——模特们穿着各种皱巴巴的伪实用服装（“Military Precision”，1994：64-65），社论补充道：

> 今年的硬汉首先是沙漠中的一种生物，笼罩在沙土、枪炮金属以及石头的阴影之中 [……] 战斗裤是特别受欢迎的，大腿上有厚实的口袋 [……] 用来装那些至关重要的地图、密码和毒丸。

本 · 克鲁（Ben Crewe，2003）在他对男性杂志市场的分析中，指出了 20 世纪 90 年代男性身份的普遍不确定性：男性气质的“危机”, 也是意义、真实性和主体性的危机，这一点在评论员和学者如林恩 · 西格尔（Segal，1990）和罗杰 · 霍罗克斯（Roger Horrocks, 1994）那里也得到了确认, 同时,这也是广告商们在努力瞄准男性消费者时所关注到的问题。克鲁利用行

图 2.16 “Chevignon Advertisement” (1994). *Arena Homme+*, p. 137. 显示了 20 世纪 90 年代早期青年文化和亚文化的影响。

业杂志 *Marketing* 来说明这种困惑和矛盾情绪：

> 似乎正在发生的是，传统的男性刻板印象已经消失，但还没有出现什么能取代它的东西……营销人员无法找到恰当的方式来谈论男性。

随着 20 世纪 80 年代“新男人”（New Man）范式的衰落，为了回应这种男性表征的断裂，“新小伙子”的形象出现了：“脸皮厚的异性恋者，玩世不恭，经常自嘲，并暗含讥讽，在文化上意有所指，通常是‘小青年’。”（Crewe, 2003：6）这种现象的一些最明显的表现是新的“少年杂志”*Loaded*、*FHM* 和 *Maxim*，它们从 20 世纪 90 年代中期开始进入男性杂志市场（获得了令人羡慕的发行量）。“少年杂志”与 *GQ* 和 *Esquire* 等更严肃、更成熟的杂志保持距离，转而采用了一种粗俗和讽刺的口吻，关注足球、性、俱乐部和工人阶级名人，以及更典型的生活方式的话题（Beynon，2002；Crewe，2003）。对于这些杂志的修辞来说，至关重要的是它们对任何可以被视为“自命不凡”的事物的不尊重、嘲笑和厌恶。从这个意义上说，我认为，这个“新小伙子”的形象是为了应对 90 年代男性气质的真实性危机而发展起来的。在工业的迅速变化和异性关系的动态变化的语境下，男人在试图构建一个男性气质的身份时，没有了先前的经济结构和家庭结构的支撑：作为主体性和营销工具的“新小伙子”，为人们提供了一个新的消费模式和身份构建形式的切入点，同时也缓解了人们对女人气的焦虑，这种焦虑在 20 世纪 90 年代再次出现。

虽然 *Loaded*、*FHM* 和 *Maxim* 等时尚杂志不是以其时尚内容，而是

图 2.17 Bradshaw, D. and Richmond, T. (1994). "Overtones," *Arena Homme+,* p. 151.

以衣着暴露的封面女明星闻名于世，不过小伙主义（laddism）的文化影响却体现在时尚媒体对男性时尚的再现上。例如，1994 秋冬的 *Arena Homme+* 包括一个名为“泛音”（Overtones）的照片。五个模特，在足球台上模仿站立的观众，穿着 Prada、Fred Perry、Armani Jeans、Copperwheat Blundel 等品牌的精选派克外套，搭配有菱形花纹针织衫、polo 衫和扣角领 Ben Sherman 衬衫，这些衣服参考了足球休闲装、摩斯族风格和光头党亚文化。模特们的面庞——喊叫的表情，皱着眉头，毫无化妆——和他们狂放的姿态一起，故意颠覆了我们对时尚摄影的期待。这张照片毫无魅力可言，也与性感无关，相对摄影棚拍摄来说，它更像是新闻摄影（图 2.17）。

无论是“新小伙”话语的参照性质，还是对某种真实性的关注，都清晰地呈现在这幅图像中（尽管它具有很明显的结构特性）。反讽、幽默和虚张声势也是新小伙主义的核心元素，这些元素体现在 1999 年 Ben Sherman 做的一则广告中，这个品牌既与新小伙有关，也与 20 世纪 80 年代的休闲文化有关，它代表了这一时期有意倒退的性别政治和幽默的结合。一个银色的男性人体模型，穿着格子式的、没有扣紧的 Ben Sherman 衬衫和不合身的裤子，站在一个商店橱窗里，摆出咄咄逼人的姿态——腿间距很大，拳头紧握，手臂交叉。左边是一个更为传统的商店假人，其精致的特征与银色人体模特冷漠的、半抽象的脸形成对比，它处于倒塌状态，且部分被肢解（Ben Sherman Advertisement，1999：27）。这种隐含叙事在两个层面上起作用：一是暴力的暗示（第一个假人攻击了第二个假人并将其打倒），二是更进一步暗示了——穿着体面服装的更传统的人体模特被更强硬、更工人阶级的“真人”所取代。

注释

1 约翰 · 斯蒂芬的第一家商店于 1956 年在比克街（Beak Street）开业；他的第一家卡纳比街商店于 1957 年开业。由于价格相对较低，斯蒂芬的精品店主要面向年轻、亚文化、工人和中产阶级下层消费者。然而，在 20 世纪 50 年代末和 60 年代初，更聪明的、商品更昂贵的伦敦裁缝和商人开始行动，一开始是国王大道的约翰 · 迈克尔（John Michael)，随后是多佛街相当独特的布雷兹(Blades)。他们迎合了追求现代轮廓和特别剪裁，同时又注重质量的更为富裕、花花公子式的消费者。到了 60 年代末期，卡纳比街有些光彩不再，因为它已被视为一个相当俗气的旅游陷阱。

2 约翰 · 弗罗格尔 (John Flugel) 在《服装心理学》(*the Psychology of Clothes,* 1930) 一书中提出了西装与现代性之间的密切关系。在这本书中，弗罗格尔描述了 19 世纪贵族阶层衰落和资产阶级崛起所带来的更简单、更统一的男性服装的出现。约翰 · 哈维（John Harvey）在他 1995 年的《着黑衣的男人》（*Men in Black*）中，将维多利亚时代崛起的黑色剪裁与工业化的污垢和秉持着新教伦理的商人阶级对于简朴着装的迷恋联系起来 (在英国和北美)。
克里斯托弗 · 布雷沃德还把不墨守成规的卫斯理工会派和贵格会基督教与 18、19 世纪男装日益简单化联系起来，同时也提醒人们注意文员工作的增多和“为帝国、工业、商业兴起的新职业寻找合适服装的必要性，这种服装传达了恰当的尊重感和责任感”。当然，这枚硬币的另一面是 19 世纪早期时尚的简单和优雅，这种服装基于简单低调的完美剪裁，但和阶级有着相当复杂的关系，因为它刻意低调但仍具有可识别的统一性，是为那些时尚的精英们准备的 (尤其是那些出身低微但颇具野心的名士们)。

3 沃芬顿报告 (Wolenden Report, Home Office, Scottish Home Department 1957) 提议同性恋的合法化，该报告在大约 5 年前就已经发表，当时人们的态度 (慢慢地) 正在发生变化。

4 遗憾的是，黑白照片并没有捕捉到这些明亮的色调。

5 通常，这些人被排除到主导阶级之外，因为他们是同性恋、犹太人、工人阶级，或者三者都是。

6 值得注意的是，这个术语是由左翼自由主义经济学家约翰·肯尼斯·加尔布雷斯 (John Kenneth Galbraith) 创造的，是他为一个社会宣言所起的标题。在这样一个社会中，蓬勃发展的私营部门可以得到资金充足、活跃的公共部门的补充。

7 Mr. Fish 的迈克尔·费什 (Michael Fish) 做的最有名的事可能是他将裙子、连衣裙和束腰外衣推销给男人——包括大卫·鲍伊在 1969 年专辑“*The Man Who Sold the World*”的唱片套上所穿的那件礼服 (变成了外套)，它展现了一种前革命时代的淡然华丽。然而，我认为，费什优雅的卷领衬衫，有时在脖子的后面或侧面有一个拉链，是更有意义的，因为他们展示了一种新的正式的男士服装，既是“适合穿戴的”，又与 20 世纪传统的服装风格大相径庭。

8 歌手兼作曲家阿尔贝托·阿内利的弟弟，与他分享了这一页的空间。

9 原标题名“*La Nuova Pelle dei Nuovi Papa*”即《新爸爸的新面孔》。

10 正如芭芭拉·伯曼 (Barbara Burman，1995) 所描述的那样，男装改革派 (MDRP) 的主要目标是“更好、更鲜艳”和更健康的衣服。他们试图鼓励人们穿运动休闲服装、针织服装、短裤和开领衬衫，希望这些在 20 世纪 20 年代已经变得流行起来的衣服，可以被更广泛地使用 (Burman，1995：278)。尽管 MDRP 被认为是怪人 (以及与优生学不幸联系在一起)，但他们的主要裁缝声称男装是不舒服和不卫生的（因为此时干洗羊毛西装还未出现），现在回想起来，这个论断是完全正确的。事实上，如果现在你看看离你最近的商业街上都在售卖什么样的服装，你会发现这场运动的许多提议——包括更柔软的面料、解构松散的服装和运动装元素——确实被主流男装所采用，尽管速度比他们预期的要慢得多。

11 这种肉体自由感的证据可以在斯特凡·茨威格（Stefan Zweig）的《昨日的世界》(2009[1942]：89-114) 中找到，也可以在 20 世纪初出现的新体育、自行车和裸体主义运动中找到，这些运动旨在挑战“维多利亚式的虚伪”并促进“自然生活”。

12 以一种高雅的、有教养的方式进行观看，和客体保持一定的距离感。

13 比如斯蒂芬·林纳德、小筱美智子、BodyMap、让-保罗·高缇耶以及Boy London。

14 伊恩·R. 韦伯成了 ***Blitz*** 杂志的时尚编辑，他也参与了 Blitz Kid/New Romantic/ 其他俱乐部的现场，用他的话说，“就像一只耀眼的凤凰 [……] 从朋克的灰烬中脱颖而出”，催生了新一代设计师、音乐家、造型师、电影制作人和艺术家 (2015)。和韦伯一样，西蒙·福克斯顿 (Simon Foxton) 也曾在圣马丁大学学习时尚，并沉浸于伦敦的俱乐部现场，从中获得了很多灵感 (Martin，2009)。雷·佩特里，这三个人中最著名的，经常被认为是发明了“造型师”这个概念的人，他虽然年纪较大，但也曾大量参与反文化活动。他的造型方法既受到撒哈拉以南非洲—加勒比海美学的影响，也受到朋克的混杂美学影响（例如，将文本、标题和排版附在他的模特身上）。

15 The Human League 和 Cabaret Voltaire 出现在谢菲尔德，Soft Cell 出现在利兹，Depeche Mode 则出现在巴西尔登。

16 戴安娜·弗斯（Diana Fuss，1992) 创造了“同性恋观看”（the homospectatorial look）这个术语，以回应劳拉·穆尔维 (Laura Mulvey) 早期对男性凝视的概念化。而对穆尔维来说，凝视的作用是将“色情变成占主导地位的父权秩序的语言”(Mulvey，1985：805)——即美化对女性的物化和征服——弗斯认为，表面上客体化的女性形象（特别是在时尚背景下）可以激活更复杂的身份和欲望形式。对于女性观众来说，时尚照片的女性模特可能代表着异性恋女性特质的理想化形式，但她也可能代表着对母亲角色的弃绝和性吸引力的客体。我们可以使用弗斯的框架来思考男性对男性模特的时尚形象的复杂看法：这张照片的原意或“第一层”含义——如果你长得像这样，你会对女性有吸引力，性生活也会成功——可能会伴随着更矛盾的情绪反应，比如友爱、欲望或爱情，也可能是仇恨和嫉妒。

17 当然，莱恩德克尔的作品更多地与 20 世纪初期的几十年联系在一起，而不是 20 世纪 40 年代，但矛盾的是，正是这种奇怪的将 20 年代和 40 年代的风格拼贴在一起的风格，赋予了这幅图像独特的 80 年代的感觉。该广告中所描绘的服装明显比七年前 *L'Uomo Vogue* 刊登的照片中同一个设计师设计的服装要保守得多 (Valentino a Vent'anni，1976)。

18 玛格丽特 · 撒切尔 (Margaret Thatcher) 曾宣称"社会这种东西是不存在的"(1987)。

19 1980 年，50% 的受访者认为"两个同性成年人之间的性关系总是错误的"，到 1987 年，这一比率上升到 64%。

20 当然，迷幻屋 / 狂欢会亚文化，以及新世纪旅行者、垃圾摇滚和独立音乐 (以及他们的激进主义、集体主义政治)，20 世纪在 80 年代末和 90 年代继续以各种方式提供抵抗的场所。但值得注意的是，这些亚文化——与 80 年代初形成鲜明对比——总体上不那么注重魅力和装扮。这一特征的一个显著例外是 90 年代早期纽约的俱乐部小子场景，他们聚集在 Disco 2000 这样的夜总会中 ; 在那里，魅力感和雌雄同体的感觉仍在延续 (但这种审美对当时主流男性时尚的影响可以说是微乎其微的)。

BODY LANGUAGE:
TOWARD A PHENOMENOLOGY OF MASCULINITY

3 身体语言：走向男性气质的现象学

21 世纪初至今，男装时尚一直是一个空间，在这个空间里，通过触觉、感官、身体的性感展示，以及与 20 世纪八九十年代占主导地位的体形明显不同的“理想”体形，男性气质被进一步拓展。简而言之，从世纪之交开始，男性的身体一直处于重新定义和重塑男性时尚的中心——无论是在字面还是在象征意义上。

对于这种新的苗条的身材来说，不可或缺的是那些卡帕萨、西蒙斯、（尤其是）斯理曼在 20 世纪 90 年代末和 21 世纪初率先在他们的时装秀和广告活动中塑造的模特。在 2001 秋冬版的 *Arena Homme+* 上，一篇名为《亚当的肋骨》的文章问道：

> 是谁让苗条的模特出现在斯理曼的时装秀上？这是一个让达尔文困惑的转变 [……] 男模已经变成了一个更时髦的动物。20 世纪 80 年代占主导地位的那种咧着嘴笑、精力充沛、全是美国人的风格已经一去不复返了……取而代之的是不那么魁梧、更乖戾的欧洲瘦男孩。

在当代男装时尚中，身体保持在中心位置：在 2016 春夏系列中，Gucci 的亚力山卓 · 米开理通过透明的雪纺衬衫、蕾丝和钩针展示了身体；穿着 Juun.J 超短裤的修长双腿裸露着。而在 2017 秋冬系列中，Nasir Mazhar 的模特们则在裸露的胸脯上穿着奇怪的运动型吊带。在 Givenchy 中，里卡多 · 堤西（Riccardo Tisci）的健美模特们穿着超大号的束腰外衣和方格呢短裙，体现出一种休闲的运动美学；而在 Lanvin 的秀场上，卢卡斯 · 奥森德里耶弗则把他苍白、苗条的模特们裹在大片垂饰面料中。

电影理论家劳拉 · 穆尔维在她 1973 年发表的开创性论文《视觉快感与叙事性电影》中写道：

> 在一个性别失衡的世界里，视觉的快感被划分为主动 / 男性和被动 / 女性。决定性的男性凝视将它的幻想投射到女性身上，而女性的形象又相应地被塑造成 [……] 男性形象无法承受的性物化的负担。男人不愿意像暴露狂那样被凝视。（1985 [1973]：808 - 810）

然而，从时装秀到广告牌，当代时尚界的男性形象，无疑已经处于穆尔维的这句令人难忘的话中所提到的“被人凝视”的位置。时尚的男性身体是如何以及为什么越来越将自己放在凝视的客体位置？这给男人带来了什么样的视觉和具身的快乐？新发展的男性时尚的身体意识在多大程度上带来了性对象化的后果？

● 具身和非具身的男性气质：20 世纪的男性身体

> 于是，法西斯主义用一套特定的属性来编码人类的欲望：女人气、不健康、犯罪、犹太性，从而与人类欲望进行斗争。（Theweleit，1989 [1978]：13）

在 20 世纪 30 年代和 40 年代早期的肖像学中，男性的身体是引人注目的。在第二次世界大战之前的几十年里，在社会主义和民族主义的宣传中，可以看到强大的男性形象——光着上身，挣开锁链，高举着锤子，握着刺刀，挥舞着旗帜；在体育图像中也是如此，新古典主义的运动员高举标枪，握紧二头肌，或斜向跃出画框。但在时尚界——从 20 世纪 30 年代末流行的斜剪裁礼服到 Dior 于 1947 年推出的夸张的沙漏形状“新风貌”（New Look）——欲望性凝视的焦点更多的是女性的身体，而非男性的。

从柏拉图（Plato）和亚里士多德（Aristotle）的古典思想到勒奈·笛卡尔（René Descartes）的启蒙哲学，都把男人与理性、女人与身体和自然联系在一起，这是一段漫长而不光彩的历史。从奥兰普·德古热（Olympe de Gouges，1789）和玛莉·渥斯顿克雷福特（Mary Wollstonecraft，1792）

到西蒙娜·德·波伏娃（Simone de Beauvoir，1949），女权主义哲学家们致力于恢复妇女受教育、获得知识、进行思考和拥有理性的权利。后来，第二波女权主义者，如埃莱娜·西苏（Helene Cixous）和艾瑞斯·玛瑞恩·杨（Iris Marion Young），主张以女性为导向的哲学和修辞学的新形式，打破精神和身体之间人为的界限。正如伊丽莎白·格罗兹（Elizabeth Grosz）所描述的：

> 父权制的压迫[……]通过将女性比男性更紧密地与身体联系起来，并通过这种认同，将女性的社会和经济角色限制在（伪）生物学范畴，来为自己辩护。基于本质主义、自然主义和生物主义，厌女症思想将女性限制在生殖性的生物学需求上，认为女性在某种程度上比男性更具生物性、更具肉体性、更自然化。（1994：14）

格罗兹和劳拉·穆尔维都正确地强调了女性身体被呈现为男性凝视的性化、被动客体的方式。但是，假设男性的身体在现代性的图像学中是微不足道的观点，是完全错误的。事实上，正如我将要说的那样，在整个20世纪，不断变化的意识形态已经将自己书写并改写到男性的身体之中，也包括我们自己的身体。但是，由于具身化意味着脆弱性和潜在的感官体验——这两者在正统的西方性别体系中都被标记为危险的女性化的——男性形体在象征层面上常常扮演一种特殊的矛盾角色。

从而，我提到的20世纪初的代表性的男性化的身体经常变成钢铁般的甲壳，或者升华成一群穿着制服的士兵。通过成为一台机器，它否认了自己的物质性，正如克劳斯·蒂韦莱特在他对德国军国主义作家恩斯

特 · 金格尔（Ernst Jünger）的分析中所描述的那样：

> 金格尔所想象的男人被描绘成一个没有驱力和灵魂的身体类型；他不需要这些，因为他所有的本能能量已经顺利地、无摩擦地转变成他的钢铁身体的功能 [……] 在身体机器中，男人的内部被支配和改造，就像军队的大型机器的组成部分一样。对于金格尔来说，机器的魅力在于它有能力展示这个男人如何没有情感地“活着”（移动、杀戮、表达）。每一种感觉都被紧紧地锁在钢铁盔甲里。

机械化的男人——蒂韦莱特将之生动地描述为“身体机器”——是一个只有在现代性进程中才会出现的形象。正如弗朗西斯卡 · 坎西安（Francesca Cancian, 1987）所强调的，这些进程对性别规范有着深远的影响。19 世纪的快速工业化导致了性别角色的两极分化，因为制造业集中在了大规模的生产场所，产生了越来越多的性别隔离 [1]——妇女的工作越来越多地集中在分化的（低地位）社会角色、低薪的血汗工厂和家庭中。

正如米歇尔 · 福柯（Michel Foucault，1995 [1975]；Bartky，1990：93-95）所认为的那样，在现代性中，组织、控制和监督的“理性”系统开始支配众多机构，尤其是男性主导的那些机构，如工厂、监狱、军队和收容所。从这个意义上说，荣格尔的“男人—机器”——他的理想男性在 20 世纪 20 年代开始出现，并在三四十年代占据主导地位，是泰勒主义和边沁的全景敞视监狱的人格化身。这一时期集体想象中的“理想男人”是一个将外部控制和权威内在化的人物，对他来说，像齿轮一样的功能性的和缺少主体性的特性不仅是理想化的，而且铭刻在他坚硬、无情感的身体中。因此，在20世纪三四十年代的表现中，依赖于女性的身体来指称魅力、性欲和欲望[2]，而霸权性的男性身体则象征着力量、理性、自制和权力。

然而，深刻的文化变迁和艺术变革——“一战”之后的那段时期被释放的混杂性——确实为另类的、越界的、激进的男性气质的表达提供了空间，这些表达与荣格尔理想化的男性气质截然不同。在20世纪20年代从巴黎、纽约和柏林产生的前卫雕塑、编舞、绘画和文学中（以及流行文化中），男性身体被审美化和情色化了，特别是当其被认为有**异国情调**和**原始气息**的时候。在俄罗斯芭蕾舞团（Ballets Russes）的东方主义幻想中，瓦茨拉夫·尼金斯基（Vaslav Nijinsky）和列昂尼德·马辛（Léonid Massine）这两位珠光宝气、衣着暴露的人物身上所散发出来的魔力，以及以沉思的身体形态而闻名的无声电影明星鲁道夫·瓦伦蒂诺（Rudolph Valentino）的诱惑力，其核心部分都在于他们的异国情调。但最重要的是，20世纪20年代的黑人音乐、舞蹈和艺术象征着现代主义令人兴奋的世界主义和禁忌的性取向，与想象中的返祖现象紧密联系在一起：塞内加尔舞蹈家弗朗索瓦·费拉尔·班加（François Féral Benga）在Folies Bergère（Smalls，2013）中以性感的“肉体编舞”而闻名于世，同时爵士乐切分音的节拍使欧洲和美国的舞池同样充满活力。正如哈莱姆文艺复兴[1]时期的诗人兰斯顿·休斯（Langston Hughes）所描述的那样（带着几分异域风情的凝视）：“歌厅里的时髦黑人男孩。爵士乐队，爵士乐队，演奏，演奏，演奏！白人女孩的眼睛在呼唤快乐的黑人男孩。黑人男孩咧着嘴笑，带

[1] 哈莱姆文艺复兴，又称黑人文艺复兴，是一场爆发于20世纪20年代，以美国纽约哈莱姆区为中心的文艺、社会运动。一批优秀的黑人艺术家和文学家聚集在一起，以诗歌、小说和其他艺术形式抒写黑人的生活状况和思想情绪，创造具有独立人格和反叛意识的新黑人形象。——译注

着丛林般的喜悦。”（Hughes，1926， 转引自 Chinitz，1997）

从这个意义上说，在“二战”前夕，一种好斗的、尚武的、高度身体性的男性气质的表达，是对两次世界大战之间那段时期的融合与变迁的一种反应。正如蒂韦莱特所述，法西斯主义（实际上还包括民族主义）“用一套特定的属性来编码人类的欲望，从而与之战斗”：也就是那些“女人气、不健康、犯罪[和]犹太性”（1989[1978]：13）。一种感官的、颓废的男性形象——在这种形象中，非洲与欧洲、东方与西方、“文明”与“原始”、男性与女性之间的界限变得模糊——从根本上与民族主义和男权主义理想形象背道而驰。民族主义，将男性身体与民族国家联系起来，从根本上依赖于明确划分的边界，而这些边界受到混杂性和混合性的威胁。

而且，20 世纪三四十年代理想的男性——强壮的、坚忍的、不可分割的、完整的——不仅是对国家的异常明显的隐喻，而且与“一战”归来的伤兵形成鲜明对比。与奥托·迪克斯（Otto Dix）和乔治·格罗兹（George Grosz）等人描绘的“大战争”（Great War）老兵的形象相比，理想男人的宣传表象中隐含的认知失调更为强烈。

这种对肌肉发达、工具化、无感情的具身形式的肯定也涉及 20 世纪二三十年代发生的一系列经济转变。约瑟普·阿门戈（Josep Armengol）认为，1929 年华尔街崩盘引发的金融崩溃和随后的萧条“迫使许多人放弃对市场的信任，以此证明他们的男子气概”（2013：33）。他认为，在政治、艺术乃至自我层面上，这一时期“最明显的重塑策略之一”是“（重新）转向男性身体，特别是工人阶级男性强壮的、肌肉发达的身体”（2013：33）。对于阿门戈来说，这一文化转向落脚于“劳动中坚实躯体的图像”（2013：31），罗斯福政府的新政（New Deal）公共壁画上[3]表现出“使美国重新雄起”的企图，这既联系着对经济现状的深刻祛魅，同时指称着“硬 / 阳刚 / 工人阶级”和“软 / 枯竭 / 上层阶级”之间的二分法（2013：31）。因此，尽管他们存在意识形态分歧，但社会主义现实主义者、法西斯主义、新政社会民主的宣传都通过坚实的、阳刚的、工具化的身体，图解国家的复兴和救赎。

在 20 世纪 40 年代末和 50 年代初的“二战”后的语境中，在欧洲和美国，男性气质呈现出越来越多的家庭化变化。[4] 两次世界大战之间的英雄主义男性形象被工薪族、养家糊口的人和作为一家之主的父亲的形象取代。由于在法西斯主义、军国主义和大萧条时期的形象中，健壮的男性身体被牢牢地放在宣传活动的中心，和平和长期希望的繁荣看起来是截然不同的。事实上，即便在运动男性形象确实出现的地方，比如，在保罗 · 乔布林（Paul Jobling）（Sprøgøe，1954 in Jobling，2014：6 ， 22）所描述的 1954 年 Lyle and Scott 为 Y 形内裤所做的广告中，呈现的是一个与消费品相关的、被驯化了的、本质上被去情色化的形象。梅西 · 昆卡（Mercè Cuenca，2013：50）提出，在 20 世纪 50 年代的流行文化中，作为霸权性男子气概的能指的男性身体消失了，并认为这一时期出现的白领男性气质的新理想形象是建立在不强调肉体和性的基础上的。尼克 · 科恩在一个特定的英国语境下写的文章也有类似的意思，他雄辩地总结了 20 世纪 50 年代英国男装的单调、无性和缺少活力：

> 在 50 年代早期，双排扣西装不再受欢迎，取而代之的是单排扣、三颗深灰色纽扣的经典高街西装。它确实很难看。它没有形状，没有生命，没有动感。事实上，这是对服装的抵制，是对吸引力的否定 [……

顾客］想要成为受人尊敬的、务实的、匿名的人。他们想要衣服把他们隐藏起来。

20 世纪 50 年代初的文化保守主义可以被理解为对一代人所经历的创伤的一种反应，这一代人在大萧条时期成年，在战争时期度过了他们的青年时光。“二战”后出现的性别理想中带有一种怀旧之情，反映在女性时尚的新维多利亚美学中，但也具有一些明显的现代特征。男性身体的隐匿，以及那个时期男性服装中对一致性的渴望和自我克制感，都与一种新的性别教条有关，并受到弗洛伊德心理学的普及和滥用的影响（Friedman and Downey，1998）。就这样，通过性别一致性来强调社会和谐，这一方面体现在对男同性恋的极度恐惧中，另一方面正如贝蒂 · 弗里丹（Betty Friedan， 1963）所精彩描述的那样，通过对家庭生活的狂热崇拜，把女性限制在照顾孩子和打理家庭的事务中。因此，女性的神秘性使女性成为性欲的唯一场所，同时也压制了男性的肉体存在，并暗示了对两种危险的可能性的禁止：女性的性主动和同性间潜在的相互吸引。

约翰 · 伊布森（John Ibson， 2002）在分析美国男性的照片时也讨论了这种围绕着同性恋的新焦虑和对同性恋的认识。伊布森令人信服地证明，在 19 世纪晚期到 20 世纪最初十年、第二个十年的照片中，男人之间毫不掩饰的身体之爱是普遍存在的——照片中他们常常拥抱、牵手或坐在彼此的大腿上，没有任何性暗示。但他发现，在 20 世纪 30 年代，这些形式的身体爱抚让位于更正式的、更不那么亲密的姿势，在“二战”后的背景下，这种趋势甚至更为明显。

20 世纪 50 年代早期是一段对身体、身体亲密和男性身体愉悦的异常压抑的历史时期。正如蒂韦莱特、伊布森、昆卡和阿门戈描述的那样，男性身体的这种“隐形”是一个几十年的过程，它在表征层面和男人与自我及他人身体的关系层面都明显体现出来。然而，借用牛顿物理学定律，**每一个动作都必须有一个能量守恒且方向相反的动作。**而这种相反的动作在20世纪50年代新兴的青年文化中展现出来，通过这种文化，青少年们试图反抗他们内敛的父母的道德观，反抗的方式正在于将男性身体重新注入性和肉体的维度。正如科恩所描述的：

> 就英国青少年而言，“泰迪男孩”（Teddy Boys）是一切的开始：摇滚乐和咖啡馆、衣服、自行车和语言、点唱机和泡沫咖啡——整套概念是一种与成人世界分开的私人性青少年生活方式[……]他们拉开窗帘，穿着紧身的烟管裤，裤子到脚踝处逐渐变细，脚上穿着黄色的袜子；还穿着像船一样的大绉布底鞋，在手指上戴着几个铜环。（Cohn，1971：28-29）

事实上，从小理查德（Little Richard）、查克·贝里（Chuck Berry）、猫王普雷斯利（Elvis Presley）等摇滚明星到电影狂人马龙·白兰度和詹姆斯·迪恩，再到流行时尚和舞蹈领域的人们，那些年轻的男性身体（通常在种族和阶级方面被称为底层）重新具有了情色诱惑力和叛逆的性驱力，这与该时期霸权性的小资产阶级的体面直接冲突。

● 被解放的身体

在战后初期的隐匿和否定身体的无性别男装之后，20世纪50年代末和 60 年代的青年文化开始（起初是尝试性的）恢复和展示男性的体格，剪掉和剥离一层层的灰色法兰绒。20 世纪 60 年代早期，最与众不同的年轻时装是修身的剪裁，那些日益缩小的轮廓，如紧身的裤子、“冷冻机”式的短夹克和窄尖的鞋子，越来越受欢迎。约翰 · 斯蒂芬和他的竞争对手们在卡纳比街的店铺中通过引入不同寻常的布料，补充了这一新系列：天鹅绒、灯芯绒和柔软的丝绒面料，不同于之前粗糙的羊毛，彰显出一种新的知觉性的、肉体性的男性气质。修身的重要性在一群年轻的摩斯族的评论中体现出来，这些面孔是他们给自己设计的（正如在前一章中，他们接受 *Town* 杂志采访时的言论）。

> 所有的面孔都去 Bilgorri。还有约翰 · 史蒂文斯（John Stevens）[原文如此]。他很擅长穿裤子。在伦敦几乎没有地方能做出好裤子。他们都穿着宽松的衣服。他拽着自己的裤脚。只有八分之一英寸宽。（Sugar，1962，转引自 Barnsley，1962：51）

与这些面孔一样，尼克 · 科恩在描述约翰 · 斯蒂芬在 20 世纪 60 年代早期所建立的男装商店的迷你帝国时，也强调了这一新形象的裤子特别值得注意的特性：“最重要的是，这些潮人的裤子，剪得那么紧，又那么低，以至于裤子后面只覆盖了你屁股的半截，而前面像聚光灯一样框住了你的生殖器。”（Cohn，1972：69）

因此，这是一种全新的、激进的裁剪方式，与伯顿（Burton）、约翰 · 科利尔（John Collier）、赫普沃斯（Hepworths）和裁缝协会（Tailors Associated）这些曾经主导英国男装市场的裁缝的剪裁方式完全不同。值得注意的一点是，在英国和美国被证明如此有影响力的摩斯族造型，最初是从像布里奥尼（Brioni）这样的意大利裁缝那里得到改造和发扬的——意大利人有着肉体、肉质的视觉文化，从未像英国人那样对性和身体产生过恐惧感。在英国的语境下，摩斯族以及随后的孔雀美学的先驱们——文斯、西塞尔·吉、约翰·斯蒂芬，以及后来的迈克尔·费什（以及早期的摩斯族本身）往往是那些在当时的阶级和性别惯例之外的人，要么是因为他们是犹太人或同性恋，要么是因为两者兼而有之，因此，他们和保守的、有阶级意识的自我克制的男装的价值观没有多大关系。

到了 20 世纪 60 年代中期，一种新的理想身材开始流行——更瘦，更有孩子气。1966 年的一则“仅在 Simpson”能够获取的“著名吉他泳装”的广告展示了这种审美的转变：一幅手绘的夏季组图描绘了 20 世纪 60 年代理想男性的苗条、黝黑、令人羡慕的长腿（图 2.2）。科恩明确地将这一时期的新体型与性别观念的转变联系起来：

> 一切似乎都不再固定不变了——所有的角色都变得模糊起来，关于男性魅力的观念也在不断演变。突然之间，你的像葡萄柚一样的二头肌和你胸前的汗毛一样显得不那么重要了；只要你床上功夫够好就行了。（1972：62）

和 20 世纪六七十年代的其他时装一样，这些时装与艾迪·斯理曼和拉夫·西蒙斯后来的创新产生了强烈的共鸣，他们两人都借鉴了这一时期的时髦、年轻的轮廓，在 20 世纪 90 年代末和 21 世纪初表达了一种类似的含混和模棱两可的男性气质。

除了穿着越来越贴身的衣服，20 世纪六七十年代的男性身体也变得越来越暴露，因为短裤和泳装变得越来越短。在 20 世纪 60 年代，前往法国、西班牙和希腊度假，对于北欧中产阶级和工薪阶层消费者来说，已经变得越来越实惠和受欢迎，而美国也有越来越多的人乘坐飞机或驾车前往阳光灿烂的海岸。男士海滩装和夏装的地中海化——一种异国情调的、大胆的和肉体性的感觉——这些转变伴随着度假而发生。*Town* 杂志为 1963 年和 1964 年夏天的 Sabre“Waikiki”泳装做的广告，带有太平洋而不是地中海的氛围，配以风格化的插图，图中是一个皮肤黝黑、轮廓分明的男人，穿着短泳裤，“像 Helanca 布料的第二天性一样合身”（Sabre Helanca Advertisement，1964：31）。

到了 20 世纪 70 年代初，这类表现方式既激增又在转变，变得更自由，也更情色化。1971 年 *L'Uomo Vogue* 杂志为 Mayogaine Paris 泳装做的一则广告的插图中展示了一位头发凌乱的年轻人在海滩上的姿态，他身后是令人印象深刻的蓝色大海、天空和翠绿树叶。照片从下面仰拍，使他的头部、身体和骨盆充满了框架的大部分，模特穿着图案泳裤，臀部剪得很低，并向腹股沟延伸一英寸左右，以露出完整的腿（尽管紧凑的构图只显示了他的大腿上部的一小部分）。他的衬衫，有着相同的漩涡状、程式化的印花图案，衬衫是敞开的，使观看者的目光被吸引到模特平滑、黝黑的身体和脸上，他有着高颧骨和丰满的嘴唇，略显破旧的草帽在眉头上留下沉重的阴影。就像 20 世纪 60 年代的“Waikiki”泳装一样，模特的泳裤和衬衫上的夏威夷木槿花图案唤起了迷人的异国情调，同时，拍摄的近距离和角度，以及游泳者轻盈的体格，暗示着一种新的亲密关系（图 3.1）。

1972 年 7 月，英国 *Vogue* 杂志在女性时尚中展示了两页的男士海滩

图 3.1 Mayogaine Paris Advertisement (1971). *L'Uomo Vogue* (11), p. 152.

装（暗示在你的生活中应该给男人买什么）。其中，舞者 / 编舞米查·伯吉斯（Micha Bergese）的照片有一种坦率的快乐，他穿着图案鲜艳的短裤、开襟衬衫和合身的针织衫在空气中跳跃和摇摆：伯吉斯紧致的舞者体型被几何学般地框定，一系列的对角线连同他飘动的长发一起，突显了摄影的动感（Lategan，1972：74-75）。1973 年夏天，*GQ* 杂志捕捉到了类似的身体自由的感觉（尽管采用了更传统的摄影风格）。封面上有一对在海滩的夫妇（显然是在照相馆里拍的），男模特简单地穿着带有抽象印花的紧身短裤，他的伴侣戴着太阳帽，穿着比基尼；在杂志内页，一个名为"衣箱秀"的照片故事捕捉到了一群模特的身影，他们穿着一系列简短的有着显眼图案的泳裤，并穿着轻薄的棉质衬衫，或者赤脚穿着紧致的短裤。

所有这些表现都指向了 20 世纪 60 年代从青年文化话语中涌现出来的对男性身体的一种新的毫不掩饰的态度，特别是嬉皮士的态度，在这一过程中，诚实、自然和愉悦的价值观优先于保守、体面和自我控制的价值观。这些与嬉皮士伦理和美学的联系可以在 1971 年的 Mayogaine Paris 广告中感受到，特别是在该模特的银饰、松散的卷发和农夫草帽中。不过，男性气质框架的转变，无论是在直接表现上还是经由着装，都不能仅仅归因于青年和亚文化：两次世界大战期间先锋的、现代主义的身体文化与 20 世纪六七十年代初的身体文化之间也有明显的连续性。

作为一种现代性、效率和自由的姿态，以及对新的合成纤维的回应，20 世纪二三十年代的运动服变得越来越简洁和贴身。在经历了"二战"时的中断和 20 世纪 50 年代的重建之后，随着足球运动员和网球运动员的服饰条纹变得更简单和更流畅（趋势越来越延伸到男装本身），这种现代化进程一直持续到 20 世纪六七十年代。直到 20 世纪 90 年代——对男性气质和男性性欲感到焦虑的新时期，随着运动服变得出奇不合身和过大，这一过程才明确地逆转。

除了运动服和休闲装之外，20 世纪 60 年代末和 70 年代初孔雀革命中那些更优雅、更精心打扮的时装，由于借鉴了女装的轻盈、透明和可触的制作，变得越来越有形。到了 20 世纪 60 年代末，与“放任社会”相关的社会和性的松动，在新的男性杂志 *L'Uomo Vogue* 展示的创新模式中可以强烈感受到。在 1969 年春 / 夏刊中，出现了由赫尔穆特 · 牛顿（Helmut Newton）拍摄的设计师罗伯托 · 卡普奇（Roberto Capucci）的照片。设计师懒洋洋地倚靠在一辆豪华汽车的奶油色皮革内饰上，穿着一件他自己设计的黑色薄罗纱的透明衬衫，肩上披着一件蜥蜴皮夹克，脖子上戴着钢制的短项链（Newton，1969：77）。这是 *L'Uomo Vogue* 这一时期的众多图像之一，其特点在于半透明面料——雪纺绸、剪绒、英格兰刺绣和巴厘纱——指向一种男装全新的感官享受、性欲和大胆的特质（1969：98，135）。在 *L'Uomo Vogue* 杂志 1969 年的春 / 夏刊上，艺术家 / 摄影师伊莉莎贝塔 · 卡塔拉诺（Elisabetta Catalano）为年轻演员海勒姆 · 凯勒（Hiram Keller）拍摄了一组时尚照片（凯勒赤裸着上身，穿着 Forneris 的一件大胆的背心）。这篇文章说，“衬衫——当它被磨损的时候——是珍贵的、刺绣的、穿孔的、透明的……在混合面料和材料方面有了一种新的自由”（图 3.2）。凯勒是嬉皮士“摇滚音乐剧”《头发》（*Hair*）的明星，这部剧以著名的裸体场景为特色，他还在费德里科 · 费里尼（Federico Fellini）的颓废而露骨的《萨蒂里孔》（*Satyricon*）中担任主角，在某种意义上，他是 60 年代文化中令人震惊的去抑制转向的代表。凯勒赤裸着上身躺在摄影棚的地板上，穿着一条山东绸丝质长裤和敞开的背心，他的角色演得很好，

图 3.2 Catalano, E. (1969). La Moda a Roma si recita a Soggetto. *L'Uomo Vogue* (4), pp. 116-117.

双腿叉开，噘着嘴，用坦率的充满肉欲的眼神凝视着观众 / 摄影师。

20 世纪 60 年代末和 70 年代初，*L'Uomo Vogue* 杂志的一个特点在于摒弃了战后朴素的着装，将之宣布为一个遥远的噩梦，并且，杂志中展现的服装不是以体面，而是以性感、非正式、新奇和光滑的缎子、柔软的雪纺和光滑皮革的触感而闻名。支持这些图像的新萌生的去抑制力，当然是一个极具争议性的事情，因为在 20 世纪 60 年代的进程中，无数关于淫秽的尝试似乎都表明了这一点[5]（Collins，2007）。然而，这种肉体的坦率通过流行音乐、电影、杂志，甚至通过流行时尚的转变，稳定地渗透到主流文化，特别是青年文化中。

这种嬉皮士影响下的身体自由的感觉一直延续到 20 世纪 70 年代中期：1976 年 4 月的 *L'Uomo Vogue* 杂志刊登了一篇名为《非洲风格》（Afro-Look）的多页照片故事，以巴黎黑人舞者为主角，该舞者穿着由英国针织品设计师约翰·阿什普尔（John Ashpool）设计的肯尼亚和尼日利亚风格的服装（1976：133-141）。一幅双页图片捕捉到了这一舞者在空中水平跳跃的动作，他的一条腿顺着尖尖的脚趾往上踢，他的手臂高举着。这位舞蹈演员在跳到一半时悬空，穿着一件 V 字形的条纹图案的针织上衣，戴着铜手镯，并穿着紧身三角裤，露出了他修长的双腿和紧绷的臀部。通过这种方式，展现了图像的活力，以及它的民俗风格，传达了力量、优雅和自由之感，同时唤起了一种芭蕾式的返祖主义和一种异国情调，让人想起尼金斯基的《春之祭》。随附的说明文字宣告：

> 时尚前沿的另一个前行方式在于：在穿越时间（以复古的方式）之后，时尚如今在大陆之上漫游，在遭遇中国、阿拉伯、格陵兰和印

度之后，又接着遭遇了撒哈拉以南非洲。

因此，这一时期时装中“真实的、浪漫的、非西方的外来性”的吸引力揭示了20世纪早期现代主义身体与20世纪六七十年代之间的连续性[6]；以非洲风格为中心的时尚以一种异国情调的方式自由运作。

这样，20世纪60年代末和70年代是男性身体越来越多地被展示和色情化的时期，因为衣服被剪裁得更贴近身体，对裸体的禁忌也减少了。与当代反文化的其他层面（如“放任社会”和性解放）相比，60年代时尚所塑造的男性身体的变化受到的关注较少，这一话语的缺席，既指出了时尚史的空白，也更普遍地指出了男性身体理论化的不足。不过，支撑这段代表性历史的性解放、政治激进主义和不断扩大的以青年为导向的消费文化的叙述已经在现有文献中进行了深入而引人入胜的探索，并得到了很好的理解（Hall and Jefferson，1993；Collins，2007；Mort，2010）。从当代的视角来看，更值得注意的是，与随后的几十年相比，60年代末和70年代的时尚身体更加粗犷、未经修饰和多样化。我前面评论过的图像中的模特，体格一般是适度消瘦的，或多或少地运动过，但他们既不是艾迪·斯理曼等设计师近年来青睐的那种憔悴、青春期的身体，也不是20世纪八九十年代主流男装所迎合的有着凸起的、胸部膨胀的肌肉组织的身体。

这位20世纪六七十年代的时装模特当然是一个有抱负、理想化的人物，但他显然也是一个有血有肉的人：微笑着，也许眼睛周围还有笑纹，或者前臂和胸部落有沾灰带尘的头发；可能他只有十几岁，同样也可能是二十多岁或三十多岁，到了70年代，他甚至可能不是白种人。

在这一时期，无论是懒洋洋的状态还是蹦蹦跳跳，对男性身体的表现都有一种坦诚、不加掩饰的肉体性；这一点在随后更精致的时尚表现中消失了。

● 等待一位英雄的出现

随着我们进入 20 世纪 80 年代，越来越两极分化的男性气质和男性身体的表现形式之间的矛盾出现了。除了 Blitz Kids、the Human League、Depeche Mode、Spandau Ballet 和 Prince 的颠覆性的、亚文化的、性感的魅力之外，这十年的时尚和流行文化还面临着更为正统的男性身体形象的复兴。歌手邦妮·泰勒（Bonnie Tyler）（Steinman et al.，1984）追求的那种肌肉发达、皮肤油光发亮的“街头大力士”，成为那个时代的典型代表。

80 年代，从动作明星西尔维斯特·史泰龙（Sylvester Stallone）、布鲁斯·威利斯（Bruce Willis）和阿诺德·施瓦辛格（Arnold Schwarzenegger）的硬邦邦的身体，到布鲁斯·韦伯（Bruce Weber）和赫伯·里茨（Herb Ritts）的摄影作品中著名的新古典主义风格的裸体，肉体的实在性仍然占据着男性气质表现的中心位置。正如文化评论家苏珊·杰福兹（Susan Jeffords）所指出的那样，在 20 世纪 80 年代，这种强壮的、强势的、主导性的男性气质模式的复兴，尤其是在身体层面上的表现，似乎与一种更广泛的焦虑和成见以及一种新的文化保守主义情绪有关。从而，杰福兹如是描述这一时期的爱国动作片：

> 象征里根主义的强硬身体让公民/观众感知到这些身体强大的统治力，可以控制他们所处的环境，支配他们周围的人[……]这样的

> 身体有助于让人们确信一点，那就是这种自我掌控可以通过拥有强硬的边界感、确定的行动路线和清晰的界限来拒绝“混乱”或“混淆”。（Jeffords，1994：26–27）

正如杰福兹所建议的，这种对高度保守的男性观念的依赖暗示着性别文化和对待身体的态度的后退。特别是在美国的语境下，20 世纪 80 年代的文化战争使性别政治成为一个充满高度焦虑感，并产生两极分化的立场的问题。在许多发达的西方经济体中，随着传统的男性制造业和采掘业走向衰落，国家职能被削减以支持私人供应，以及反动声音对女权主义所取得的成果进行反击，战后进步共识的确定性受到越来越多的挑战。用苏珊 · 杰福兹的话说：

> 在构成里根式进程的理性辩证法中，身体被分为两个基本类别：包含性传播疾病、不道德、非法化学物质、“懒惰”和濒危胎儿的错误身体，我们可以称之为“软弱的身体”；以及包含力量、劳动、决心、忠诚和勇气的规范性身体——“强硬的身体”。（Jeffords，1994：24）

那些男性杂志，特别是 *L'Uomo Vogue* 和 *GQ*[7]，在 20 世纪 70 年代末和 80 年代初，关于身体描述发生了相当突然的变化，这一点是显而易见的。在 20 世纪 70 年代的杂志拍摄中，身体通过贴身的衣服、裸露的胸膛、敞开的衬衫和短裤展现出来。在 70 年代的这些时尚表现中，模特们比一般的“街上的人”更年轻、更灵活，但他们并不是作为一个单独的、形态上截然不同的物种出现的。然而，到了20世纪80年代初，对时尚男性的描绘的各种转变已经变得很明显。明确关注健身、美容和锻炼的文章开始出现，健身房设备、保湿霜和化妆品的广告也开始出现，至关重要的也是最值得注意的一点在于，模特的身体变得更加肌肉发达，皮肤光滑没有毛发，也更加同质化。

1982年6月版 *L'Uomo Vogue* 中的两个故事就是这些趋势的典型代表。一篇题为《健康——沙滩上的赤脚体操》（“Fitness-Barefoot Gymnastics on the sand”）的文章展示了一张巨大的双页照片，照片中有两名模特，他们裸露着上身并穿着短裤，在沙滩上进行跷跷板式的腹部锻炼时，紧紧握住对方的手腕（McKinley，1982）。落日在人影后面拍打着的波浪上投射出紫罗兰色的光；天空是粉红色和橙色的。在前景中，右边的人做出痛苦的表情，好像在经历苦痛，他的脸因过于用力而涨得通红，因为他向上举起了他的对手。两个人都汗流浃背，鼓起的肱二头肌和肌肉发达的背部在半明半暗的光线下闪闪发光。这是一个奇怪而不协调的图像，风景如画的背景似乎完全不符合前景中锻炼的艰辛程度。这篇文章建议说：

> 假日和休闲的间歇不应成为忽视的同义词，这可能确实是恢复与经常被忽视的身体接触的好时机[……]在海滩上做体操有几个好处：海边的空气可以活跃你的肺，沙子可以增强你的肌肉，而无限延展到地平线的空间可以放飞你的心灵。

在1982年的同一期杂志中，第二个名为《海军故事》的故事呈现了类似的不协调性：一张黑白照片展现了一位肌肉发达的模特的镜像，他穿着白色背心在打太极拳，旁边一段说明性文字这样敦促读者：

> 和镜子面对面，直面你的日常问题：从剃刀烧伤问题到寻找合适的洗发水，从洗手液到止汗香氛。最好的解决方案总是通过选择一套完整的化妆品系列来满足男人的一千种审美需求，以追求生活质量。“Jules the Nouvelle ligne pour homme”获得了 Dior 的认证 [……]（McKinley，1982：190）

一年后，在 1983 年 7 月的 *GQ* 杂志上，一则关于健身器材的广告刊登了一张黑白照片，照片上是一个郁郁寡欢的模特：他的姿势——手臂高举，准备拉下器材的横杆——强调了他发达的三角肌和锥形的腰部所塑造的 V 字形。特定角度的聚光灯为模特光滑的身体提供了一种雕塑的质感，突出了他轮廓分明的腹部肌肉和肱二头肌。也许，“Body by Soloflex”的标语恰如其分地暗示了出售的是模型的身体（而不是机器）（Soloflex Advertisement，1983：4）。到了 20 世纪 80 年代末，如果说有什么不同的话，那就是肌肉发达的身体已经变得更具主导性了：在 1988 年 1 月期的 *GQ* 杂志的一张照片的拍摄中，一位男模转过身来，离开了相机。他的背部呈四分之三角，从他有力的宽阔肩膀到他的腰部形成了一条弯曲的线条（图 3.3）。他的右臂——另一条弯曲的对角线——被抬起并弯曲，轮廓框住了他的脸，虽然他的面庞在阴影中，但却暴露出匀称的轮廓、噘起的嘴唇和方形下巴。摄像头停留在模特的肱三头肌和肱二头肌上——这两个椭圆形体块是在强烈的方向光中凸显出来的。他握紧的拳头靠在他的后脑勺上，抓着一个闪闪发光的圆柱形重物。运动服装和设备，表

图 3.3 Anon (1988). *Gentlemen's Quarterly* (January), p. 172.

面上是图像的焦点，实际上完全次于模特的身体，这一身体在摄影师熟练的构图中凸显出来，闪耀着金色的光芒，其新古典主义的风格让人想起古罗马广场的雕塑。

在 20 世纪 80 年代的 *GQ*、*L'Uomo Vogue*、*Arena* 和 *Mondo Uomo* 的一页又一页上，一种清晰可辨的类型出现了：肌肉发达的模特赤裸上身或穿着内衣，回头看着相机，他们雕像般的光滑身体，以及有着精致轮廓和结实下巴的面部，具有惊人的一致性。这样，在 20 世纪 80 年代和整个 90 年代，主导性的男性气质在媒体中的表现形式，越来越多地受到新古典主义和各种色调的“二战”宣传图像的启发，发展成某种肌肉色情的特权。男装照片中展示的肌肉发达、健身房训练出来的身体与希腊罗马雕像、社会主义现实主义和 20 世纪初产业工人的形象相呼应。赫伯·里茨在 1984 年拍摄的“带着轮胎的弗雷德”（Fred with Tires）完美地封装了作为性符号的无产阶级英雄这一品位，模特的拍摄方式结合了男性形式的坦率的色情意味与强大的、高度身体性的和活跃的男性气质的暗示（Ritts，1984）。摄影师布鲁斯·韦伯为卡尔文·克莱恩（Calvin Klein）拍摄的标志性照片，和他在 1982 年拍摄的以撑竿跳高运动员汤姆·辛特纳斯为主角的运动照片，已经预见到了这十年的基调：到了 1987 年，他的“为男人着迷”（Object For Men）系列，似乎和莱妮·里芬斯塔尔（Leni Riefenstahl）是相通的，展现出一种清晰可辨的时尚男性气质的原型（Weber，1983：16）。

这些主流形象的意识形态内容是耐人寻味的，因为这种对 20 世纪初的男性气质和男性形象的回归，与 20 世纪三四十年代的审美密切相关——法西斯（和社会主义现实主义）宣传的特点正在于宣扬雕塑般的、肌肉发达的和“种族纯洁”的身体。正如克劳斯·蒂韦莱特（1989[1978]）所描述的那样，这种不可渗透的、不可侵犯的、严格训练的、钢铁般的男性身体的概念绝对是法西斯形象的核心，既体现了民族主义和父权力量，也掩盖了机械化战争中身体的脆弱性。

我相信，这就是保守乌托邦的理想男人：一个有着机械般外形的人，他的内心已经失去了意义……机械化的身体作为保守的乌托邦，来自男人们征服和驱逐特定人群的冲动……男性士兵对成功阻挡住自己的欲望产生作出回应……幻想自己是一个钢铁般的人物：一个全新种族的男人。

这些男性气质表现方式之间除了美学上的联系，还有主题性和符号性的联系。一方面，法西斯身体是对魏玛共和国时期颓废、混杂、放荡和女性化的身体的否定；另一方面，20 世纪 80 年代新保守主义对于男性气质的表现，特别是在电影中，也拒绝了 20 世纪六七十年代男性气质中的放任和反规范、颠覆的一面，同时对立于当代亚文化和青年文化中的男性气质的表现。20 世纪 80 年代末是恐同症的高峰期，与艾滋病（在右翼媒体中常被称为“同性恋瘟疫”）的肆虐不谋而合，在这一背景下，20 世纪六七十年代流行的苗条的男性身体开始被一种更强大的、肌肉发达的、意味着健康和恢复力的体格所取代。瘦弱与艾滋病的消瘦症状，以及伴随着艾滋病流行而来的恐惧和耻辱感，无疑促成了在我所描述的 20 世纪 80 年代的图像中，强壮如此占据主导地位的时尚：事实上，在波普、菲利普斯和奥利瓦迪亚于 2000 年对男性身体形象的研究中，一个同性恋的被访者，将这种审美进行清晰的类比：“瘦是丑陋的，因为它指称的是疾病和死亡。反过来，肌肉等于健康。”（转引自 Pope et al., 2000：218）[8] 同时，不断变化的健身市场、体育文化的扩展及主流化、广告和媒体对男性身体的日益关注也都发挥了不小的作用。

然而，将克劳斯·蒂韦莱特对 20 世纪早期男性气质表现形式的解读或苏珊·杰福兹对里根主义电影中强硬身体的分析过于不加批判地应用于这一时期的时尚摄影，将陷入简单化的问题中。尽管在 20 世纪 80 年代 *GQ*、*L'Uomo Vogue*、*Arena* 和 *Mondo Uomo* 的页面中展现的身体是一致的，不过在 80 年代男性的肉体表现中确实出现了显著的张力——上文中评论到的图像暗示了这一点。一方面，随着越来越多的保湿、发型、运动和其他产品在男性市场上销售，人们更加重视身体的维护和护理；另一方面，人们显然希望将这些图像和产品定位在“传统”男性气质的修辞中，不仅体现在模特的硬朗身躯上，还体现在对陆军和海军制服、怀旧款式、20 世纪 40 年代电影的场面调度以及对古典主义和新古典主义艺术风格的引用上。

虽然这些图像的设计有时可能是怀旧的——让人回想起一个更明确定义性别角色的时期——但在围绕男性气质和性的强烈焦虑气氛中，它们仍然提供了一种具身化的、身体上的愉悦、骄傲和享受的模式，这显然使许多男性产生了共鸣。从这个意义上说，20 世纪 80 年代的杂志和广告重新关注男性体格的趋势——无论是在表现层面，还是在自我关注、锻炼和美容方式上——都可以被理解为在男人们的身体中重新找到他们的位置，让男人可以照顾他们的身体并享受他们的身体带来的乐趣。尽管利用了霸权性男性气质的视觉代码，但这些图像和话语同时消解了和身体保持疏离的男性所持有的工具化的、现代主义的观念。在当代学术和媒体讨论中，这种现象性的男性气质与“新男人”联系在一起——这是一个模糊的人物，既与消费和外形的日益发展有关，也与一种更自由、更少父权的男性气质的新风格联系在一起（Beynon，2002）。研究 20 世纪 80 年代男性时尚的学者，如弗兰克 · 莫特（Mort，1987；1996）和特拉 · 特格斯（Teal Triggs，1992）令人信服地提出，这一时期男性的身体前景化可被解读为一种颠覆行为，这种行为含蓄地将男性的身体与女性的身体放在同等地位，并破坏了观看和“被看”的经济。

20 世纪 80 年代动作电影中强硬的、无情的、无懈可击的身体当然可以被认为代表了“保守主义乌托邦中的理想男人”。但是，这些衣着暴露、肌肉发达的人物所引起的同性恋凝视——越来越多的男性能够去审视其他男性的身体，另外，时尚和电影对于男性体格的表现中潜藏的同性恋倾向几乎没有受到抑制——往往会让对这些现象的解读变得奇特而复杂。80 年代 *GQ*、*Arena* 和 *L'Uomo Vogue* 中描绘的强硬的、雕塑般的身体可能代表了一种狭隘的、规范性的理念，但它也为男性提供了一个获得积极的认同和愉悦的场所，并获得了相互观看和观看自己的许可，而无须担心被指责为娘娘腔或自恋。

除了代表着大众市场的大预算广告、好莱坞电影和像 *GQ* 这样的老牌男性杂志之外，*The Face*、*Blitz* 和 *i-D* 等杂志都来自并迎合了与主流截然不同的年轻人和亚文化群体。在这些新风格的圣经中，一系列的男性气质、双性气质（实际上是“有女性气质的男性”）在着装、造型和身体的层面上都是可见的。例如，1984 年 1 月期的 *The Face* 杂志中，在名为“怪胎们出来了”的专题中，Blitz Kid 和歌手 Marilyn 在第 3 页的照片中极具魅惑力地凝视着：他完美的化过妆的面孔，漂白处理过的头发，手放在臀部的姿势，穿着低胸的无袖连衣裙——显然是匆忙由旧床单做就的——既隐含着一种具有自我意识的展演性的女性气质，又暗示着性的可用性

（Johnson，1984：3）。有一种看法是，男性身体的这些离经叛道的表现，是对我所讨论过的主流保守原型的有意识的反对。同样真实存在的是，那些被编码为双性化或女性化的男性身体，和那些被编码为男性化的身体（有时是三者的组合）能够在 *The Face* 这样的杂志中共存，这种并置采用了一种好玩的、坎普的、拼贴的美学，以及对性别化的身体的讽刺性的和去中心的解读。

虽然杰福兹、谢韦利特和其他一些人正确地指出了**硬体**和规范的男性气质间的联系，但同性恋、男性亚文化和健美之间的长期联系——从20世纪50年代展现体型的杂志到70年代的类似刊物——让这个故事变得复杂起来。在《强硬的外形》（*Hard Look*）中，西恩·尼克松描述了“硬”和“软”这两个能指在雷·佩特里风格的镜头中的使用方式，提出这些“模特和一些着装元素的选择……与某些针对男同性恋者并由其采用的男性气质的表现传统之间具有很强的互文性”（1996：185）。

这样，20世纪80年代的男性身体“规范”和“越轨”表现之间的界限并不如想象中的那样泾渭分明。1984年10月，赫伯·里茨和迈克尔·罗伯茨（Michael Roberts）为 *The Face* 拍摄了一张题为“油猴子”（Grease Monkeys）的照片，主角是一位赤裸上身、肌肉发达的男性模特，身上涂着黑色油脂，他在三个黑白相间的地方伸展和弯曲身体，同时佩戴着由斯蒂芬·斯普劳斯（Stephen Sprouse）设计的哥特式珠宝和各种皮革配饰。就像里茨拍摄的“带着轮胎的弗雷德”一样，这些照片展现了一个通过对体力劳动的索引而被标记为工人阶级的壮汉体格。但和这一更商业化的效果不同的地方在于，*The Face* 的拍摄吸引了人们对同性恋的注意，这一点可能是默许的，因为夸张的造型和撕裂的文字片段叠加在照片上，

图 3.4 Ritts, H. and Roberts, M. (1984). Grease Monkeys. *The Face* (54), p.70.

这些文字是——“上好的牛肉在地狱的车轮中弯曲”和“斯普劳斯拍摄的漂亮男孩”（图 3.4）（Ritts and Roberts，1984：69-73）。为了避免这种奇怪的编码显得过于微妙，一个相随的段落指出，“从新泽西荒地的汽车修理厂到时代广场的住宅区男妓，今年秋天，街区上真男孩看起来很脏”（*The Face*，1984：69）。

从这个意义上说，从玛丽莲到赫伯·里茨，20 世纪 80 年代性别化的身体的呈现具有一种自觉的后现代特质，这种特质使这些被性爱化的男性形象变得奇怪和复杂，并将人们的注意力吸引到男性身体上，把它作为欲望的中心。然而，这些坎普式策略的多样性意味着它们不会始终如一地挑战父权规范。[9]

事实上，男性身体几乎完全相同的形象可以在不同程度上联系着异性恋正统主义和同性欲望，以及大众市场的民粹主义和亚文化的酷，这确实是悖论。这一悖论还指向了 20 世纪 80 年代男性气质的一组更大的张力和矛盾表现，即“新男人”的模式——适应女权主义，参与到育儿事务之中，对自己的外表有自觉意识——与好莱坞动作片中的硬汉反动派截然对立。然而，在 1986 年一张名为《孩子》（*L'Enfant*）的海报中，赤裸上身的大块头亚当·佩里（Adam Perry）抱着一个裸体婴儿：“从强壮中诞生甜蜜。”这个形象是在 20 世纪 80 年代的审美中居于中心地位的肌肉发达的男性身体，同时也展现了对更有爱心、更温柔的男人行为方式的渴望。

正如蒂姆·爱德华兹在他 1997 年的文本《镜中男人》中描述的那样，“新男人”占据了一个模棱两可的位置：既与第二波女权主义有关，也与日益贪婪的资本主义模式相关：明显的商业化和性别化，同时又依赖于一种奇怪的传统男性形象。如爱德华兹所说，尽管新男人与争议和改变联系在一起，但20世纪80年代“新男人”形象的扩散却奇怪地具有重复性特征：

> 然而，尽管存在某种明显的例外，这些表现的内容仍然是相当固定的。这些男性通常都很年轻，一般是白人，尤其是肌肉发达，下巴非常结实，毛发刮得很干净（通常是全身的），身体健康，喜欢运动，事业成功，有男子气概，非常性感。

从这个意义上说，20世纪80年代男性身体的表现背离了70年代的时尚形象。首先，随着80年代的发展，广告人关注的是一个有利可图的潜在市场。与70年代一样，针对男性的时尚形象往往是性别化的，并集中在身体上，但身体自身和表述的方式都发生了变化。70年代的广告所代表的天真、多样性、欢乐和年轻的放纵都消失了。[10] 但同时也证明了它是一个有效的场所，可以用来表达认同、欲望和一种新的男性身体性表现形式。

与20世纪70年代相比，随着80年代的发展，肌肉发达的、“传统的”、怀旧的男性身体形象——无论是否带有反讽意味——正在日益复苏。女性化气质对于20世纪80年代早期到中期的青年文化和音乐至关重要，但在20世纪80年代末却被边缘化了，这无疑是受到英美两国恐同症的影响。根据调查数据，恐同症在80年代末达到了顶峰。

这样，这一时期的肉体性时尚反映出，在一个异性恋仍然十分强大的社会中，人们面对着快速的社会变化，对男性气质的表现充满了焦虑。

在20世纪80年代末和90年代，男性身体的情色化程度不断上升，并采用了各种各样的策略，其中最引人注目的是高度的阳刚之气和怀旧，作为一种取代焦虑的方式，这一过程伴随着对男性形体的物化。通过这种方式，广告商、设计师和形象塑造者得到了他们的“蛋糕”并享用了它：允许自己将男性的身体商品化，同时利用男性力量的符号来抵消这种行为的颠覆性。

● 20世纪90年代和它的遗产

布鲁斯·韦伯为Calvin Klein拍摄的20世纪80年代早期的标志性照片以其健壮、肌肉发达的模特而闻名，但到了90年代初，该品牌广告中所展现的体型已经发生了变化。1993年由音乐家马克·沃尔伯格（Mark Wahlberg）和凯特·莫斯（Kate Moss）主演的内衣广告展示了这一变化——沃尔伯格高度发达的肌肉组织被莫斯身材瘦小的形象突出表现出来。不仅肌肉发达的男性身体的时尚变得更加极端，而且它也从根本上偏离了女性化的模式（以17岁的莫斯展现出来的脆弱的孩子气为特征）（Ritts, 1992）。这种男性和女性在身体时尚上的差异代表了一种转变，因为从20世纪70年代开始，男女模特通常都很苗条，甚至从80年代初开始，健壮的女性身材更受欢迎。

哈里森·波普（Harrison Pope）、凯瑟琳·菲利普斯（Katherine Phillips）和罗伯托·奥利瓦迪亚（Roberto Olivardia）在他们2000年的著作《阿多尼斯情结》（*The Adonis Complex*）中描述了（在20世纪八九十年代）美国和其他地方合成代谢类固醇使男性获得比以往更多的肌肉。这种使用大量合成睾酮造成的身体膨胀，连同严格的运动制度和饮食，以惊人的字面意义的方式，代表了福柯（Foucault，1988）和毛斯（Mauss，1973[1934]）等理论家们所提出的自我技术和身体技术。在福柯看来，自我的技术，不仅涉及医学、饮食和锻炼养生法所能提供的肉体转化的可能性，而且还涉及特定社会中的价值观、话语制度和监督系统。

一开始可能只有相对较少的男性尝试了使用类固醇这种新的身体塑造形式，但是正如波普、菲利普斯和奥利瓦迪亚所论述的那样，它们对审美理念影响是巨大的：从健美者和电影演员到儿童的动作玩具，理想的男性身体膨胀到以前无法想象的比例。

正如我所提出的那样，在20世纪80年代，无产阶级男性身体的自觉怀旧在肌肉崇拜的复兴中起了重要作用，同时，这种怀旧也作用于男性身体的日益景观化：后现代强调了80年代商业文化中浮现的男性身体图像和符号。包括迈克·费瑟斯通（Featherstone，2007）、鲍德里亚（Baudrillard，[1981]1994；1998）、安东尼·吉登斯（Anthony Giddens，1991）和弗雷德里克·詹姆逊（Frederic Jameson，1991）在内的作家探索了工业化国家的经济在20世纪后半叶如何从强调生产与实物制造转向强调消费的。他们认为，这些变化属于后现代或晚期资本主义的一种新的经济和社会组织形式，符号的流通日益成为经济生活的中心。所有时尚摄影中带有的怀旧情绪，都暗示了20世纪80年代末和90年代初身体展现中最为独特的一点，那就是它已经从被劳动所定义的现代主义男性气质中脱钩，取而代之的是象征着愿景和成功的自由漂浮的符号。

1991年，布鲁斯·韦伯在为Calvin Klein Obsession Cologne拍摄的宣传广告中展现了他现在广为人知的雕塑美学风格。在阳光明媚的花园里，一名裸体男模特肩上扛着一名瘦弱的女性（Weber，1991）。他转过身去，避开观众，把脸贴在女人瘦骨嶙峋的肌肤上，高举着她。阳光照射在模特布满血管、肌肉发达的肩膀和弧形的大腿上，而他的臀部被隐藏在阴影中。这是一个既展示又隐匿、既露骨又忸怩的形象，也是一个将男性身体性感化，同时又将其转化为一种无名的雕塑形式的形象，而且，其中包含了一个颓丧的女性模特，从而部分地将隐含的男性被动转移到了女性人物身上。

几年后，Versace 在 1994 春季内衣广告中刊登了一张黑白照片（Versace 宣传广告，1994：14）。模特靠在热带海滩小屋的竹幕上，沉思地凝视着前方，一只手放在下巴上，表情专注，过滤后的阳光照射在他的脸侧，并落在他的身体上，以突出他在健身房中锻炼出来的体格。相机停留在模特洗衣板般的腹肌、右手臂握紧的肱二头肌和四头肌上，他的右手放在臀部，把观看者的注意力吸引到一件有品牌标志的白色运动短裤上——模特黝黑的皮肤衬托得短裤格外显眼，然后腿被抬高，突出他的阴茎和凸起的阴囊。像 20 世纪 80 年代的男性模特的照片一样，这张照片也是通过以新古典主义身体为对象以及这一对象与奢侈品和异国情调的联系，来制造渴望的。同一年，Calvin Klein 的香水 Escape 的一个不那么常规的拍摄活动传达了类似的理念（Weber，1994：16）。一个模糊不清的特写镜头拍摄的是一对正要接吻的年轻男女。赤裸的男模特的上臂和胸肌填满了图像的大部分；女模特位于他的下面，渴望地注视着他。性、爱慕和权力似乎和香水一起兜售。

正如罗兰·巴特可能会说的那样，这些有魔力的身体——起伏的平滑表面，雕刻般的轮廓——是有触感的、令人渴望的、色情的，但也不知何故保持一种安全的距离，带有梦幻感和不真实感。当然，这并不是要否认那些为这些照片的拍摄摆姿势的模特的真实性，不过，照片中也存在一些超越凡俗生活的元素，不仅体现在他们的体态上，而且还表现在对身体的梦幻、朦胧的表现方式上——对光滑的身体表面的强调（柔软而坚硬，兼具雕塑感和肉感）让我们远离这些身体的真实物质性，因此他们的功能更多的是作为符号，而不是作为实在的人。这些常见的棕褐色或黑白摄影的图像通过暗示他们朦胧的、神话般的过去，突出了这种梦幻般的氛围。

同样值得注意的是，这些表现形式在广告中比在杂志的时尚故事中更常见，而且，它们还经常被用来推销香水、手表、内衣——作为神奇的灵丹妙药和梦寐以求的护身符（而不是衣服本身）。

但是，就像这些衣着暴露、惊人的、健硕的体格一样引人注目的是，在 20 世纪 90 年代的时尚界和公共生活中，男性的身体正在消失。虽然充满魔力和幻想的身体可能会出现在杂志的彩页中，以推广最新的令人陶醉的香水——Obsession、Opium、Allure，但是在这一时期，*GQ*、*Arena*、*Arena Homme+* 和 *The Face* 等杂志推荐的服装是没有身体意识的。超大尺寸的男装隐藏并遮蔽了身体，这种趋势始于 20 世纪 80 年代，在 90 年代得到迅速发展，从夸张的西装和束腰短夹克延伸到涵盖男性衣柜的方方面面。突然之间，运动员的短裤向下延伸到膝盖；T 恤的裙摆下降了几英寸；西装夹克是从肩上垂下来的，勉强触及身体，落到大腿中部；而紧身的 Levi's 501 牛仔裤则被宽松的下垂牛仔裤取代了。从这个意义上说，20 世纪 90 年代的男性时尚和服装成了男性与其身体疏离过程的一部分，因为男性形态的轮廓被系统地遮蔽、隐藏和掩盖。

进行健康和社会政策研究的社会学家乔纳森·沃森（Jonathon Watson）

考察了西方文化中男性看待自己身体的成问题的、疏离的方式，将定性研究中的参与者描述为“以一种支离破碎的有争议的方式”体验着他们的身体(2000：119)。正如前文中所提到的那样，伊丽莎白·格罗兹观察到，女性被认为“在某种程度上比男性更生物，更肉体，更自然”，而沃森的观点可以说是这一洞察的另一面（1994：14)。在对男性气质感到焦虑的时期，男性身体——作为脆弱的、可渗透的、快乐的、痛苦的、饥饿的、渴望的场所，以及暴力和破坏的潜在场所——要么像20世纪50年代那样被隐藏起来，要么变成一个匿名的雕塑一样的完美典范。

1991年Marithéet François Girbaud的广告代表了男装的这种非肉体倾向：一个健壮、宽肩膀、戴兜帽的人物背对着摄像机，在纽约一条被高楼大厦、停放的汽车和柏油马路包围的狭窄街道上徘徊（Marithéet François Girbaud Advertisement，1991)。黑白图像有一种颗粒感，印象主义的特质，这一特质被一团蒸汽所加强，部分地吞没了人物，也使城市景观的细节变得模糊不清。他穿着一件褪色的、破旧的牛仔夹克，溅满了雨点，还穿着一件解开的牛仔衬衫和同样褪色的砂洗牛仔裤——超大号，像袋子一样，皱在一起。这是一个城市战士，完全被他的隐藏身材、掩盖身份的衣服所吞没、包裹和保护着。[11]

即使在夏季度假时尚中，20世纪90年代的男装仍然包罗万象。在1991年的*GQ*的照片故事中，黑色背景下，有一个模特穿着Pal Zileri的超大双排扣运动外套，一件皱巴巴的丝绸衬衫，以及膨胀的棉质斜纹裤。与之形成鲜明对比的是，他的女性伴侣穿着一件浅粉色的短款无袖连衣裙（“微妙色调中的一致共鸣”，1991：146-147)。在20世纪90年代，对待和形塑时尚身体的方式可以根据性别分为截然不同的两部分（“在牛仔布料似乎有点太重的日子里”，1991：242；Barcelona：Antonio Mirò，1991：337）。

Collezioni Uomo 杂志 1992 年秋 / 冬期抓住了这一时期男装时尚的包裹和保护的特性，设计师斯蒂法诺·基亚西（Stefano Chiassi）的模特，包裹着一层又一层昂贵的意大利羊毛走着猫步：一件从肩膀处下垂的法兰绒夹克在模特的手臂处有了褶皱，他的双手塞进口袋，宽大的裤子在下摆处也起了褶皱，一件灰色的 Mélange 苔藓针编织的开襟羊毛衫层叠加在另一件开襟羊毛衫上，还有一条图案衬衫系在脖子上（Firenze：Stefano Chiassi，1991：31）。在这种层次感中，有一种东方的元素，几乎是和服的样子，这套衣服完全掩盖了身体的轮廓，创造了一个抽象的轮廓。[12]

远离意大利品牌的奢华风格几年之后，*Arena Homme+* 在动态照片拍摄中展示了运动防水外衣，向足球休闲亚文化示好。尽管模特的服装没有定型的轮廓，但通过他们没有刮胡子的闪亮的脸和稀疏的头发，以及跳跃姿势捕捉到的运动感，都表达了一种肉体性的男性气质。

不过僵硬的、有衬垫的、不透水的服装完全包裹并遮盖了模特的身体：他们的身体被保护起来，不受足球场地的粗糙和凹凸不平等元素的影响，并远离欲望性凝视（图 2.7）。

这些图片中暗示的男性身体表现的不确定性和矛盾性，超出了 20 世纪 90 年代杂志的时尚版面。在 1994 年 2 月的 *GQ* 杂志的一篇文章中，记者希拉里·斯特恩（Hilary Sterne）对经常出现的半裸、结实性感、出名的男性模特很感兴趣（1994：126-128）。斯特恩安排了一个与 25 岁的史蒂夫·桑达里斯（Steve Sandalis）共度的晚间约会。桑达里斯是一位体格健硕的模特，也是通俗言情小说的封面明星。在文章的其余部分，她把他塑造成了一个不太光彩的“绣花草包”（Himbo）。这是一篇耐人寻味的文章，揭示了男模特为了迎合异性恋女性的口味而打造的形象中隐含的明显的角色转换，这让人感到不舒服（文章的副标题“性别丑态”进一步强调了这种焦虑感）。附带的约会照片也很有意义，因为尽管桑达里斯的名声是建立在他的身体上的，但穿着紧身服装的是斯特恩而不是他，具有诱惑力的是斯特恩而不是他。通过这种方式，传统的性别经济的外观得到了恢复和重申。

一个月前，史蒂夫·弗里德曼（Steve Friedman）在他对纽约时尚水疗护理的评论中，捕捉到了一种相关的肉体焦虑，作者本人称之为“深切而扭曲的矛盾心理”（1994：50-52）。在文章的配图中，一个肌肉发达、古铜色皮肤的模特敷着面膜，由多位女性美容治疗师照看，这一令人梦寐以求的场面说明了上述特征，不过这篇文章揭示了一系列比这张照片可能暗示的更复杂的相互矛盾的话语。这里有一种奇怪的对冲：一方面，作者热衷于重申异性恋的阳刚之气（这可能会受到威胁），他提到了与按摩师有关的性幻想，同时告诉我们“我讨厌并同情我自己的肮脏欲望”；另一方面，在他对忍受按摩的疼痛的描述中，暗示了性别的展演性：“这很愚蠢，但很男人。”（1994：50-52）令人惊讶的是，这篇文章中似乎完全没有提到参加水疗可以带来任何乐趣或放松的想法：几乎没有将身体作为快乐场所的意识；相反，它是尴尬、痛苦和羞辱的储存库。

身体社会学家罗莎琳德·吉尔、凯伦·亨伍德和卡尔·麦克林描述了这种与具身化经验有关的矛盾和不安的关系（以及男人之间对身体的避而不谈），在他们 2005 年的论文《身体项目与规范男性气质的调节》（“Body Projects and the Regulation of Normative Masculinity”）中，甚至认为他们的受访者缺乏“口头和心理词汇”，无法理解他们自己的身体体验或“管辖”男性身体的外部压力（2005：51-53）。

男性与肉体自我的疏离必须在正统男性气质的语境中理解，男性关注和照顾身体的需要与理想化的、社会规定的观念相抵触。到了 20 世纪 90 年代，劳动、生产、无产阶级的男性身体在 20 世纪初表现出的英雄气概，已经趋于消失；与此同时，70 年代男装中流行的肉体自由感也消散了，而对 80 年代的“新男人”的污名化则使消费者身体——由健身和昂贵的油膏的使用所塑造的新的理想自我——现在变成了一个与女人气和虚荣相关的有问题的形象。从这个意义上说，在 90 年代早期，可供男性选择的主体在许多方面变得越来越窄，正如约翰·贝农（John Beynon）所说，男性身体的表现比前 20 年更为保守（2002：109）。因此，20 世纪 90 年代的男装带有一种与“真实”有关的防御性，然而任何对真实性的要求似乎都越来越受到怀疑。

正如吉尔、亨伍德和麦克林在他们关于年轻男性对待身体态度的定性研究中所指出的那样，“随着社会和经济的变化，男性可能越来越多地通过身体来定义自己，而这些变化已经侵蚀或取代了之前作为身份认同来源的工作。”（2005：39）从这个意义上说，象征性的男性气质的产生，体现在日益夸张的肌肉上，这一认同已经取代了其他形式的男性威信消失所带来的焦虑。

上文中所提及的内容远非故事的全部，到了 20 世纪 90 年代中后期，男性身体开始被认真地重塑成更具颠覆性的、流浪者一般的形象（这一过程与社会态度的自由化以及更大的经济信心有关）。然而，性感的“消费者身材”在健身房里经过精心塑造和保养，在 20 世纪 80 年代初[13]首次以可辨认的原型出现，在整个 90 年代一直是男性魅力的有力象征。正如记者马克·辛普森（Mark Simpson，2014）所描述的，在 21 世纪第二个十年，这种身体以某种改变了的形式重新出现，成为“中性人”。

像之前的都市美型男和新男人一样，运动性感男（spornosexual）出现在新的表现方式和新形式的性别实践的汇合处。辛普森的幽默术语暗指那些在体育和色情方面很受欢迎的男性形象，这些形象被年轻男性广泛效仿。从这个意义上说，运动性感男虽然是一个由媒体话语产生的人物，但它对应于 21 世纪 10 年代男性在生活中体认的真实变化。尽管与 20 世纪 80 年代和 90 年代的男性身体表现有着明显的联系，但是都市性感男的身体是一种独特的 21 世纪的自我呈现模式，记者克莱夫·马丁曾认为（Martin，2014），这一群体尤其与夜总会、国外度假和社交媒体有关。马丁用一种“人种学”的方式来描述这一新出现的群体：年轻的、肌肉发达的、皮肤黝黑的、有文身的、精心打扮的年轻人穿着各种各样的有身体意识的服装出入夜店，或者部分在衣服中加入“男孩式”的滑稽元素。这种新的自我呈现方式——源自运动员、电视真人秀明星和色情演员的理想化的、精雕细琢的身体——不仅与锻炼，而且与打蜡、文身、人工晒黑、牙齿漂白和其他形式的身体修复有关。

接着，运动性感男的体型被性感化、商品化地构建出来：它的修辞是吸引力、成功和乐趣，而不是真实性，从这个意义上讲，这种身体风格的兴起标志着低调和真实性的价值观发生了转变，而这种价值观是吉尔、亨伍德和麦克林九年前的研究中被访者的主流观念。

马丁[14]在他的文章《年轻的笨蛋们如何令人难过地接管现代英国》（“How Sad Young Douchebags Took Over Modern Britain”）中，与“新自由主义身体”（Harjunen，2017）的批评者一起，使用阿多诺和霍克海默批判大众文化的一套理论框架，把这些明确被建构的消费主义的身体问题化。他们认为，这些身体是不可信的、不真实的，是最终服务于资产阶级的虚假意识的表现。人们很容易谴责这样一种看起来粗俗和轻率的肉体美学，但这样做也是对存在于运动性感男身体中的愉悦、骄傲和认同感的不屑一顾。特别是在马丁的批评之下，存在着一种对肉体快乐和性的清教徒式的恐惧，这种恐惧是在一种要求回归正统男性形象的价值观的令人困惑的恳求中表达出来的。

我们与其将一些模糊的“真实的身体”概念具体化，还不如认识到，肉体现实的“运动性”风格允许男人以积极的方式与自己的身体联系，并享受其中的乐趣。毕竟，对强健有力的体格感到自豪和愉悦是完全合理的。相反，对肌肉的持续迷恋（至少在流行文化的某些领域）的问题在于，这种身体风格仍然与规范的性别观念联系在一起，男人和男孩有相当大的压力要保持肌肉，以证明他们的阳刚之气是存在的。

直到最近，很少有人调查男性对身体的不满，一般认为男性比女性更满意他们的肉体（Grogan，2008）。然而，对男性的文化压力与对女性的是不同的。虽然女性经常被鼓励通过瘦身、节食和变得小巧来占据更少的空间，但正统的男性气质鼓励男性占据更多的空间：高个子、外向和肌肉发达。20 世纪 80 年代的研究人员重新设计了他们的研究方法，不仅关注体重问题，而且关注肌肉，揭示了一种先前没有被发现的身体不满的形式（Drewnowski and Yee，1987；Lynch and Zellner，1999；Pope et al.，2000；Gill et al.，2005）。这项研究表明，不满意自己身体的感觉在男性中很普遍，而且可能还在增加：许多男性、男孩和青少年认为他们从来没有足够强大或肌肉发达，他们的身体是瘦削的、虚弱的和不受欢迎的。

● 第四性别：双性化和对象化

到了 20 世纪 90 年代中期，由肌肉定义的理想的男子气概模式越来越受到青年和另类文化的挑战：在音乐领域，像 Suede、Pulp 和 Placebo 这样的乐队，他们的灵魂人物具有双性化、苍白、瘦削等特征；在像 *i-D*, *Daized & Consired*、*The Face* 和 *Sleazenation* 这样的杂志中则出现了"海洛因时尚"风格的模特；20 世纪 90 年代末以来的时装设计发生很大变化，因为像拉夫 · 西蒙斯、艾迪 · 斯理曼、埃尼奥 · 卡帕萨和赫尔穆特 · 朗这样的人物都参与其中。到了千年之交，这个苗条且更加暧昧不明的男性原型果断地走到了聚光灯下（尤其是在新成立的 Dior Homme 的 T 台上）。然而，从 20 世纪 90 年代初开始，这种形象就已经在青年和亚文化的边缘显露无遗。

在这十年的过程中，尽管在主流流行文化中肌肉发达的男性形象占据主导地位，但麻烦缠身、娇柔美丽的男人 / 男孩的类型在越轨的青年文化中（再次）得以流行；在独立音乐、时尚杂志和另类电影中得以流行。

在音乐方面，Manic Street Preachers 乐队的里奇 · 爱德华兹（Richey Edwards）（Harpin，1992：55）、Nirvana 乐队的科特 · 柯本（Kurt Cobain）和 Suede 乐队的布莱特 · 安德森等人所采用的具身化和自我表现的模式非常有意识地将自己与主导那个时期主流时尚和电影的理想化男性气质的形象区分开来。科琳娜 · 戴（Corinne Day)、威利 · 范德佩尔（Willy Vanderperre）、大卫 · 西姆斯（David Sims）和科利尔 · 肖尔（Collier Schorr）的另类时尚摄影也是如此，专注于青春期、裸体、性和脏兮兮的社会现实主义。在为 *The Face* 拍摄的两张时尚照片中，第一张是 1990 年大卫 · 西

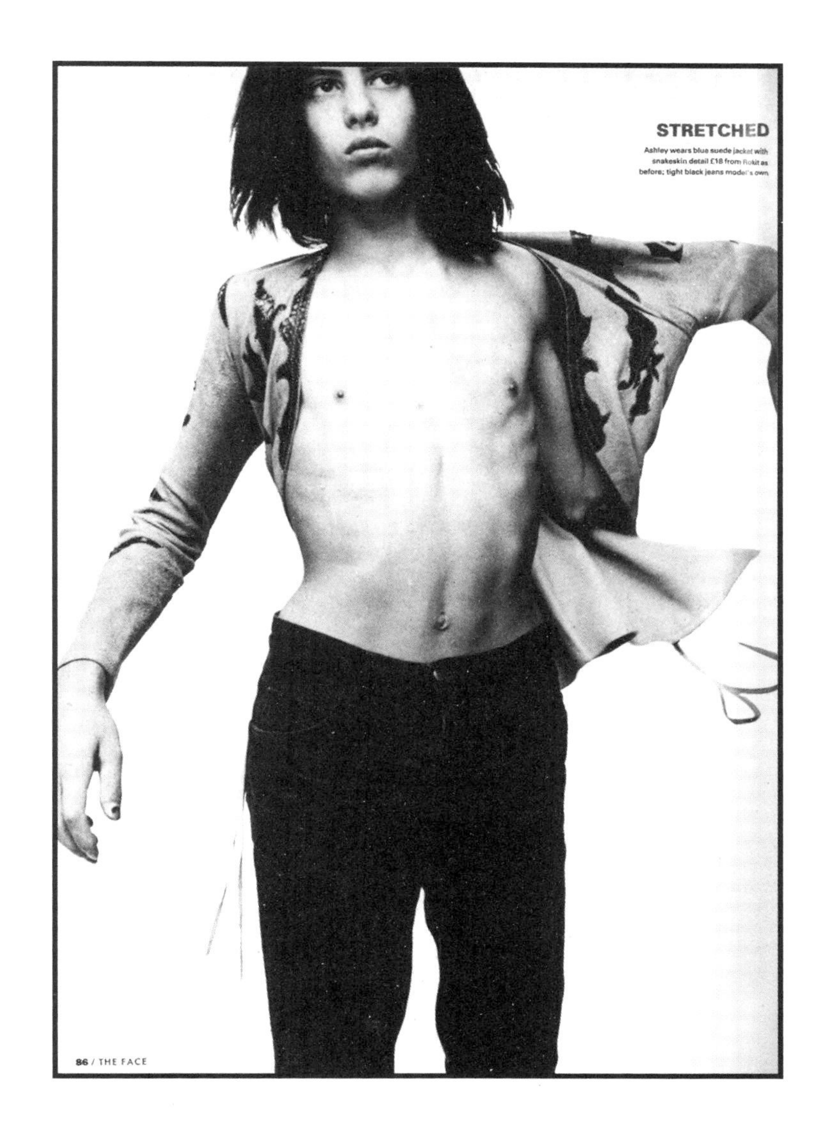

图 3.5 Sims, D. and Howe, A. (1990). “剪短它、撕开它、给它上色或修补它：用牛仔布定制总是对的。” *The Face,* p. 86.

图 3.6 Day, C. and Ward, M. (1992). "Wah Wah." *The Face*, p. 85.

姆斯拍摄的，第二张是1992年科琳娜·戴拍摄的，摄影师在十几岁长发男孩的亲密肖像中传达了一种朴实无华的脆弱之感（图3.5、图3.6）。从而，一种新的身体意识被感觉到——一种与本章前面所谈论的更主流的表现形式完全不同的身体意识。然而，这些形象——苗条的年轻模特，暴露的身体，紧身的黑色牛仔裤——暗示了一种美学，在未来的几十年里，这种美学将具有很大的影响力。这种纤细的、通常是双性化的表现形式在这些时髦的，但又有些边缘化的文化形式中得到了青睐，它们暗示着对正统的、父权式的男性气质的排斥，而更倾向于问题化的、脆弱的和混乱的事物。

如果用后结构主义的精神分析的术语来描述它，这些瘦削、柔弱的人物，无论出现在 *The Face*、*i-D*，还是 *NME* 中，都代表了拉康所提出的“菲勒斯秩序”（象征着那些在20世纪八九十年代占主导地位的直立、僵硬、纪律严明、坚硬、肌肉发达的身体）的对立面——支持那些更加芜杂的、充满情感的肉体，这一点关联着朱莉娅·克里斯蒂娃（Julia Kristeva）提出的阴性空间（chora）[15]和她对于卑贱（abject）[16]的看法。事实上，人们几乎无法想象一个比自残的里奇·爱德华兹更卑贱的人物了，但他也是一个美丽的、像基督一样的、打扮不同寻常的、很有魅力的人。

在20世纪90年代末的时装设计界，正是拉夫·西蒙斯的作品[17]，以及他从安特卫普的另类地域中挑选出来的街头模特，最具代表性地体现了这种男性气质的新模式。就像戴和范德佩尔（Vanderperre et al., 2003）——后者与西蒙斯展开广泛合作——西蒙斯塑造的瘦削、“古怪”的非专业模特的局限性、笨拙和脆弱性是一个信息的组成部分，这个信息主题化了西蒙斯自己在比利时农村经历的孤独的青少年岁月（Simons cited in Limnander，2006）。在西蒙斯1998春夏“黑棕榈”系列中，第一批

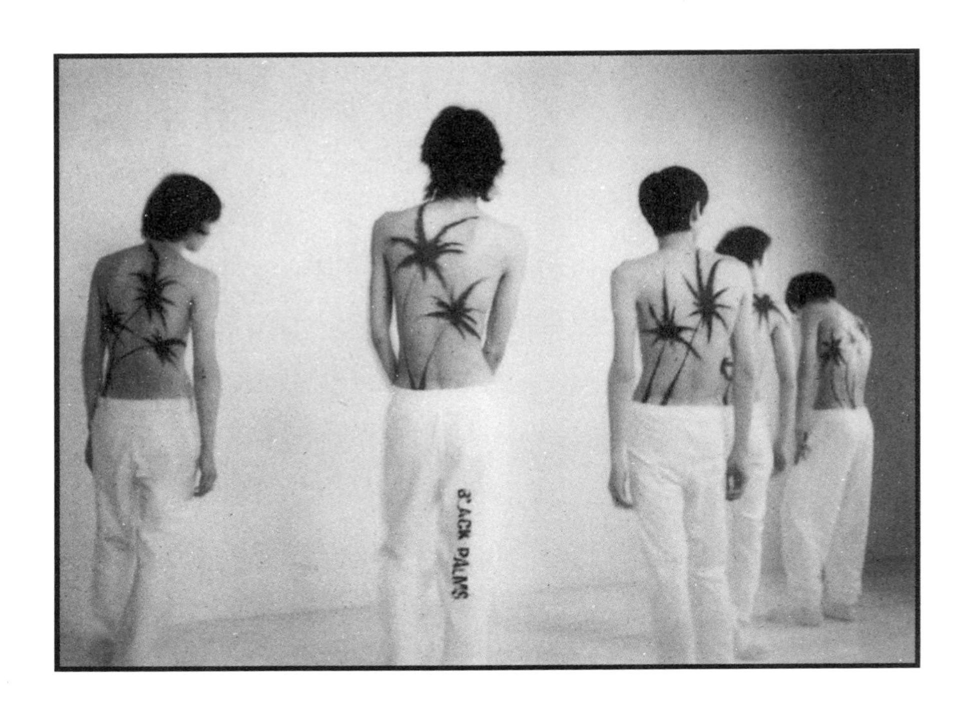

图 3.7 Takahashi, Y. (1997). *Raf Simons Spring/ Summer 1998—Black Palms*. [Polaroid] Paris: Bastille.

沿着混凝土跑道前进的模特都是赤裸上身的，黑色棕榈的印记就在他们的背部，让人们注意到他们突出的肩胛骨、脊椎和下背部的凹陷的弧线。接着，网状的开放式针织衫暴露了模特的裸露躯干，裤子被拉低以露出狭窄的腰部——模特纤细的身体传达了一种明显的脆弱性（图 3.7）。尽管这些身体展现的本质是激进的，但在 2006 年他在 Jil Sander 获得职位之前的几年里，西蒙斯仍然是一个某种程度的亚文化的人物，除了一小部分懂时尚的人之外，鲜为人知。尤其是在 20 世纪 90 年代末，西蒙斯的模特苗条、棱角分明的体格远远超出了主流美学，主流美学主要是以方形下巴、白色牙齿、运动型身材和古铜色皮肤为特点。

相比之下，关于艾迪 · 斯理曼推出的瘦削的衣服轮廓和模特的新闻报道，捕捉到了某种兴奋感，也将其展现在媒体聚光灯下，即大型时装公司呈现的这种另类男性身体的非常真实的新鲜感（Menkes，1998；Clark，1999：10；Porter，2001：62）。斯理曼在 Yves Saint Laurent 以及最重要的 Dior Homme 中对男装的介入，是瘦男模特从男装表现的边缘走向中心的关键点，这一事实反映在 2001 年 *Arena Homme+* 杂志刊登的默里 · 希利（Murray Healy）对斯理曼的采访中，这一采访题为《亚当的肋骨》（“Adam'S Ribs”）：

> 男性模特已经变成了一种更时髦的动物。20 世纪 80 年代占主导地位的咧着嘴笑的、精神饱满的、典型美国式的男人一去不复返了 [……] 在他们的位置上，我们有不那么魁梧的，更暴躁的欧洲瘦男孩。

随着文章的继续，斯理曼自己解释了这种新的模特体型的重要性：

这并不是说强壮的身体或发达的肌肉变得完全像一幅讽刺画，而是要展现一个自然精瘦的身体：是武术而不是锻炼[……]我从来没有[在时装秀中]见过大个子，只看到了有着自然质感的男孩们，进行一定的舒适的运动[……]做真正的运动，如游泳或武术。尽可能地保持自然。瘦并不意味着脆弱，而是意味着力量。

显然，斯理曼认为，苗条的身体代表着一种更真实、更少过度建构的男性身份。他将自己对模特的选择作为对性别话语的有意介入，这在《卫报》刊登的查理·波特（Charlie Porter，2001）对他的一次名为《身体政治》（*Body Politic*）的采访中得到了反映，斯理曼解释说："对我来说，肌肉并不意味着男性气质[……]长头发并不能定义你的性别。"这些主张捕捉到一种具有解放可能性的性别模式，这种模式似乎允许一种不那么高大、不那么狭隘的男性体认和身份认同的形式。但是，认为苗条的轮廓代表真实型的理念本身就有很大的问题，无法解释保持永久的青春外表所需要的身体机制，不管斯理曼自己的意图是什么，这一理念存在着盲目崇拜青春和柔弱的危险。

然而，在21世纪初，杂志、造型师和摄影师似乎越来越倾向于赞同斯理曼的观点，喜欢更苗条的、"自然"的、带有男孩子气的身材。正如记者查理·波特评论的那样：

斯理曼宣示了对男性自我形象的一种更为敏感的解读，这与过去20年来一直占据男装主导地位的健身型身材格格不入。

到了21世纪初，斯理曼推崇的精瘦、柔韧的体型开始流行起来，突然之间，20世纪八九十年代那些肌肉发达、皮肤黝黑的模特看上去明显过时了，就像维多利亚时代的笨重红木家具，注定要被钢管家具取代。

> 权力—知识关系的分布形式不是静态的；它们是“变换的矩阵”。（Foucault，1978：99）

与斯理曼对男性身体的新的呈现方式（无论是在秀台上还是在杂志页面之间）密切相关的是他谈论肉体存在的方式——强调他塑造的模特的真实性、自然性和本真性，这些模特“在运动中有一定的舒适性”，并且“身体必须是毫不费力地形成的”（Slimane，2001，转引自Healy，2001：163）。通过将纤细的男性身体描述为自然和真实的，他将其他类型刻意构建的“体格健壮的”模特身体定位为不真实的。以这种方式，斯理曼使用了米歇尔·福柯（Foucault, 1978：101）可能称之为“反向话语”的策略：通过利用一种相对新的体认形式来重构现有价值观（真实性和自然性），使先前被污名化的肉体和男性气质合法化。

不仅男性身体的形态发生了变化，而且身体被衣服所建构的方式改变了。柔软、悬垂、流畅的面料抚摸着男装模特的皮肤，这些模特自20世纪90年代末以来就出现在了卡帕萨、斯理曼、西蒙斯、赫尔穆特·朗和汤姆·福特的T台上，这表明，与之前的硬工装面料和方方正正的剪裁相比，这种男装具有更为感性和具身化的男性气质的形式。斯理曼在2007春夏系列时装中（图3.8）使用了精细、悬垂、半透明的弹性针织面料的版型以及修身的剪裁方式，可以让人感受到性感、身体意识的情绪，

图 3.8　Dior Homme by Hedi Slimane (2007).
Collezioni Uomo (60), p.259.

该系列强调并暴露了模特的狭窄的大腿和瘦小的身材。

斯理曼和西蒙斯用这种方式，将瘦削的男性身体放在他们新的男装愿景的中心，是反阳刚中心主义、异质的男性气质不可或缺的一部分。这种对男装界霸权男性气质的放弃，与新千年初期更广泛的文化转变有关。社会学家埃里克·安德森在1999年至2004年期间对英国和美国的年轻男性进行了民族志田野调查。他发现，在此期间，男性身份发生了惊人而意想不到的变化，因为年轻男性越来越多地接受了更亲切、更多样化、更少被性别歧视和同性恋恐惧症界定的身份，他们能够参与历史上被归类为女性的行为。他说："尽管编码为女性的性别表达在20世纪80年代濒临灭绝，但今天它们获得了蓬勃发展。"（Anderson，2009：97）斯理曼和西蒙斯所推崇的"双性化的"身体与安德森所称的包容性的男性气质密切相关：虽然与更正统的性别表征能够共存，但它们提供了新的、有时是"越轨"的主体性模式的可能性。[18]人们思考关于性别和身体的"权力—知识关系"的方式发生了变化，用福柯的话说，涉及文化行为者（如设计师、造型师、编辑和时尚摄影师）采用的各种表现策略和"话语"。也正如福柯所指出的，这些话语展示了"策略多价性"（tactical polyvalence，1978：100）：各种不同的，有时甚至是相互矛盾的策略。虽然最终达成的结果相似，但是斯理曼最初对性别话语的介入依赖于一套围绕自然、纯粹和真实的本质主义论述，而其他设计师和文化评论员借鉴的则是一套更加矛盾的、模棱两可的理念。

为了反映这组内在张力，在2003年（即斯理曼为新成立的Dior Homme推出首个系列仅两年后），有两本书出版了，这两本书将青年、青春期和性别的概念放在了中心位置——不约而同地指向了一个文化聚焦的时刻，即对逾越性的、性感的男性气质的表现。女性主义思想家和文学批评家杰曼·格里尔在她的艺术史文本《男孩》（*Boy*）中，以男孩们为棱镜探索了古典艺术和文艺复兴艺术中男性美的表现。与此同时，拉夫·西蒙斯和策展人弗朗西斯科·博纳米（Francesco Bonami）合作，创作了一本名为《第四性：完全的青少年》（*The Fourth Sex：Adolescent Extremes*）的书，并策划了一个同名展览。西蒙斯和博纳米在书中使用了从时尚和纪实摄影以及当代美术中提取的图像——再次聚焦于脆弱的青少年式的男性气质。

在《男孩》一书中，格里尔断言："当男性脸颊光滑，身体无毛，满头秀发，眸子清亮，举止害羞，腹部平坦时，他就是美丽的。"（Greer，2003：7）她接着讨论了男孩作为男性美的原型，其中包括"男性的脆弱""被动的爱恋对象"和"来自女性的凝视"。当格里尔描述男孩的形象如何处于规范之外，并对父权关系造成威胁时，她风趣地写道："每个幸存下来的男性必须同意消灭他身上的男孩特征，并将自己限制在父权社会中他可以活动的更狭窄的范围内。"（Greer，2003：28）她对女性视觉愉悦及其与权力的关系的分析很有洞察力，她说：

> 在讨论女性凝视的可能性时，男孩是被忽略的范畴……男孩被剥夺了菲勒斯的力量，只是被赋予了一个反应灵敏而不具有控制力的阴茎，并且可以被性感化而免受惩罚。（Greer，2003：228）

但是，尽管格里尔可能正确地描述了如何将对孩子气的赞美作为一种品质来服务于一个更广泛的项目，即在父权制之外解构和改革性别关系，但对我来说，她在形象与描述层面上把男孩们与刚刚成年的男性融合在一起的倾向是有问题的。格里尔似乎能够察觉到古典主义、文艺复兴和新古典主义艺术家所钟爱的被蹂躏的“脆弱男性形象”中有什么不对劲的地方——被箭刺穿的人物，从战车上扔出来的人物，被绳子和铁链捆住的人物，或者像法厄同（Phaeton）一样，是“被宙斯用雷电杀死[……]他神圣完美的年轻身体被画在了整个欧洲的天花板和墙壁上，呈现为骤然跌向地面的姿态”（Greer，2003：195）。她出色地揭示了20世纪早期艺术史学家的标准观念，这些历史学家对任何以温顺或与权力疏远为特征的男性美的暗示都感到不安。在她的项目中，她在艺术史中恢复了原先被压抑的男性的美丽、脆弱和被动，以及女性的视觉愉悦，但是，格里尔未能给出足够的空间来讨论这些男孩的表现形式中更令人不安的、客体化的和剥削性的层面。

西蒙斯和博纳米的展览和著作的表达与格里尔相似，旨在捕捉青春期的破坏性、创造性和越轨层面（Greer，2003：12）。正如格里尔将少年们描述为置身于父权制之外，并因此超出了预期的性别规则的群体，西蒙斯和博纳米则认为青少年属于将“自由和轻逸相结合”并推翻既有身份的“第四性”（Greer，2003：12）。虽然他们的作品既有男性人物，也有女性人物，但古怪、笨拙、有时害羞、有时被色情化的男性人物的形象占据了主导地位。伊丽莎白·佩顿（Elizabeth Peyton，2003：281）的一幅画，几乎可以肯定是以照片为素材的，捕捉到年轻的莱昂纳多·迪卡普里奥（Leonardo DiCaprio）的神采，他的脸和上身填满了构图，斜靠在画框上：迪卡普里奥凝视着这位艺术家，他的眼睛是蓝色的，清晰的，反光的，他的嘴唇鲜红，他敞开衬衫，露出乳头和苍白的胸部。佩顿的简化的色调对比技术（在这个例子中，紫罗兰色调界定了颧骨、颈部、锁骨和胸肌）强调了她的表现对象的俊美，同时也令人回忆起20世纪中叶的时尚插图。这样，艺术家明确地将迪卡普里奥定位为令人渴望的、浪漫化的凝视的对象。

另外，时尚摄影师科利尔·肖尔（Collier Schorr）在20世纪90年代初期和中期因拍摄了一系列的年轻男性和青春期男孩的照片而闻名，她描述了制作独特照片的一系列动机，这些动机也与西蒙斯、博纳米和格里尔的关注点有关。在*Daze & Confuse*的一次采访中，她表示，她在20世纪90年代对双性化的、青春期男性气质的关注，是为了避免别人想当然地认为她只应该拍摄女性。

> 在我所归属的圈子里，如果不去展现80年代女性，将面临着非常大的压力。我觉得女性必须得由女性包装并售卖给女性这种看法，是一个需要反思的问题[……]所以我感觉到的任何焦虑、欲望或攻击性都是面向男孩的。

这些新的表现形式被时尚从业者和评论家所理解，它们标志着对男性的一系列新的欲求和社会愿望，正如我所认为的那样，这些愿望与埃里克·安德森提出的包容性男性气质（Anderson, 2009）的概念相联系——一种男性气质的形式不再基于对女性气质、女人气或同性恋的否认，以及其中可以将更为多样化的行为整合到男性身份中的一种方式。因此，这里肯定有一些积极和进步的东西。但也有一些令人不安的元素，因为这种对年轻人的不确定性和脆弱性的庆祝——代表了一系列之前经常被男性拒绝的主体性——如此容易转化为一种拜物教的凝视。

在斯理曼和西蒙斯于 20 世纪 90 年代末举办时装秀和斯理曼在本世纪初为 Dior Homme 发起活动之后的一段时期里，这些设计师所拥护的苗条、年轻和“古怪”模特的形象在 T 台上、杂志和广告中变得越来越普遍。到了 21 世纪最初十年的后期，这些表现本身已经在高级时尚的语境中占据了主导地位。

在 *Man About Town* 杂志 2015 年春夏版中有一张照片，是一个年轻模特的特写镜头，他不安地躺在光秃秃的混凝土地板上，头笨拙地靠在未涂漆的灰色石膏墙上，身体呈现为对角线构图（Sejersen and Volkova, 2015：143）。这位模特的脸是冷漠的、顺从的，画着像蜡一样苍白的淡妆；他穿着一件非常紧身的浅粉色“裸体”长袖上衣，上面绣着橙色和银色的半抽象的立体主义设计的亮片图案。精致的，几乎是透明的，紧贴身体的涤纶球衣暴露了模特衣服下面非常单薄的身体——棱角分明的肩膀和长而脆弱的手臂。

这张照片是 *Man About Town* 杂志的众多照片之一，它以年轻人的俯卧、笨拙或暗示性姿势为特征。在过去的十年里，似乎出现了一种时尚照片类型，男性模特——几乎总是瘦的，白的，而且很年轻——被描绘成近乎瘫倒的姿态，昏昏欲睡，通常处于半裸状态，无精打采，羞怯地或悲戚地凝视着镜头（Harris and Irvine 2013；Rubchinsky and Spence， 2013：188-205）。虽然有人可能会争辩说，这些图像为新型的男性主体性创造了空间，但它们也引发了窥淫癖式的凝视，并暗示着一种令人不安的不对称权力关系（观看者与照片主体之间，摄影师与模特之间），其中模特的脆弱性似乎是这种欲望经济中的一个内在因素。

除了这些“男孩迷失在森林中”“男孩崩溃了”的场景，对于边缘的、苍白的、青春期的男性气质的赞美，也出现在其他很多杂志中，比如 *10 Men*、*Another Man* 和 *Man About Town*，这些杂志也经常展现多个赤裸上身的“新鲜面孔”的头部和身体的照片，以及被后期剪辑所改变的模特 T 台表演的图像（有时是无头的或被剪裁得只露出双腿或躯干）。通过这种方式，模特身体变得可以替换、商品化和碎片化。

玛莎·努斯鲍姆（Martha Nussbaum，1995：257）借鉴了女权主义理论家安德里亚·德沃金和凯瑟琳·麦金农（Catherin MacKinnon）的工作以及伊曼努尔·康德（Emmanuel Kant）的哲学，将对象化定义为“把不是真正的客体的东西当作客体，实际上，这一客体是人”，并描述了可能导致对象化的七种截然不同的态度：工具性，否认自主性，惰性，可替换性，可侵犯性，物主身份和对主体性的否认。然而，正如努斯鲍姆所描述的那样，这些品质可能出现在某个形象或表象中，而不用在道德上受到谴责。在我看来，我所描述的这些照片之所以是有问题的，不是因为它们把漂亮的年轻男子呈现为令人向往的——尽管确实有些模特看起来太年轻了，不适合这样的表现——也不是因为它们对于色情潜台词的暗示，而是这种渴望和色情似乎是基于惰性、可替换性，以及（如果不是内在的可侵犯性）模特隐含的脆弱性。在试图使男性被禁止的品质和身份成为可能的过程中，时尚制作人往往发现自己陷入了一个困境——仅仅将女性的对象化转移到了男性身上。虽然双性化确实可以成为男性时尚解放的源泉，但双性同体的想象方式仅存在于青春期和极度苗条的男性身体层面上，这一点可能是相当令人担忧的。双性化和违反规范的男性气质，似乎只有当它体现为一个苗条、美丽的年轻人或者一个男孩时（正如格里尔提出的那样），才能在我们的文化中找到一个空间。

对于这类脆弱的和双性化的表现形式的赞扬使人们摆脱了规范的男性气质，但那些美丽注定要消逝的年轻人，不像吉姆·莫里森（Jim Morrison）或约翰尼·汤德斯（Johnny Thunders），在开始褪色之前未能将自己置于遗忘之中，他们又会发生什么呢？青春期作为临界点的隐喻，和苗条作为情感脆弱的象征都很好，但对于那些不再年轻、身体发福或脱发的人来说，具有文化合法性的另类男性气质的形象能是什么呢？这些越轨的、另类的男性形象中的理想化倾向，导致了那些无法保持自己小巧玲珑的外表的男性的疏离感，他们必须要么将自己置于已然消亡的正统男性气质之中，要么被视为相当悲伤的隐形人物。

然而，无论如何，在斯理曼和西蒙斯的作品以及 *Man About Town* 等杂志中得以确认的苗条而双性化的身材，确实对 20 世纪 80 年代末和 90 年代重新占据主导地位的男性气质的正统表述提出了重要挑战。

熟悉东亚语境的时尚理论家，特别是饭田由美子（Yumiko Iida，2005）和门田正文（Monden，2015）认为，这种非常苗条的青春期理想化肉体在日本成为主流比在西方更早，人们可能会猜测，日本的表现形式是否对欧洲语境产生了影响。这种形式的时尚化身和“花美男”的形象（无毛的、苗条的、年轻的同性恋男子）之间也存在着显著的互文性，正如菲利奥特（Filiault）和德拉蒙德（Drummond）所描述的那样，这些花美男在 21 世纪初作为同性恋文化中的一种可识别的类型而流行（2007：179-181）。[19] 耐人寻味的是，尽管这些另类的身体理想在同性恋文化、亚文化中具有可见性，但在 21 世纪最初十年和第二个十年的时尚和主流媒体中，很少有学术话语围绕着它们展开讨论。

注释

1 当然，在整个 19、20 世纪，工人阶级妇女也在工厂和大规模的生产场所工作，但在 19 世纪时，车间和工作分类变得越来越倾向于性别隔离，而大多数重工业变成了男性的专属。例如，在英国，通过 1840 年代议会法案，妇女被合法地排除在煤矿之外。

2 与之相关的还有危险、污秽和堕落。

3 在艺术和文化中更为普遍。

4 当然，这是一种笼统的说法，值得注意的是，在经济层面上，美国和英国（紧缩和定量分配持续到 20 世纪 50 年代初）之间的情况是根本不同的，它们与遭受毁灭性打击的德国和战败的意大利面临的情况更是不同。然而，迅速增长的繁荣（在马歇尔计划的帮助下）改变了整个西欧，导致消费的民主化、工业产出的增加和工资的上涨。尽管文化存在差异，不过共同主题出现在整个时期的男性气质和女性气质中：最显著的一点在于，居家生活和家庭的理想化，以及女性时尚中对于明显的女性气质的回归。正如科恩指出的那样，英国男装在 20 世纪 50 年代初期尤其缺乏新意，而意大利和美国男人的服装则显得不那么单调乏味。

5 事实上，1972 年，英国制作的音乐剧《头发》遭到了私人起诉（Hall and Jefferson, 1993:46）。这部音乐剧之所以能在英国上映，是因为戏剧审查制度在 1968 年 9 月终于被废除了，而这部音乐剧是在法律修改后的第二天开演的。

6 更进一步说，人们可以把《萨蒂里孔》等影片的直白与 20 世纪 60 年代末的《头发》等戏剧作品，以及尼金斯基 1912 年的《动物的下午》（*L'Après-midi d'un Faune*）联系起来，后者同样突破了边界（尽管在形式上可能更漂亮）。从这个意义上说，20 世纪六七十年代所赋予身体的更大自由，可以被看作是现代主义传统的一部分，它借鉴了神话、民间传说和古典传统，也借鉴了非西方艺术，尤其是非洲艺术。20 世纪六七十年代，马里和尼日利亚等新独立的西非国家出现了充满活力的男性时装。这些款式将非洲服装的元素和更国际化的时尚元素相结合。马里摄影师马利克 · 西迪贝 (Malick Sidibe) 在巴马科时尚市民的照片中出色地捕捉到了这一充满活力和变化的时刻。

7 1988 年成立的美国版 ***GQ*** 是英国版的衍生品，相对后者成立较晚；为了保持一致性，我把美国版通篇简称为 ***GQ***。

8 艾滋病被发现于 20 世纪 80 年代早期，并在 1982 年获得了它的首字母缩写。由于它对身体的消瘦作用以及与男同性恋者的联系，艾滋病强化了一种夸张形式的肌肉力量的主导地位，因为这意味着异性恋身份和良好的健康状况。

9 如果说增强体格的意义在于保留了一种多变的特质，那么被编码为女性或雌雄同体的男性身体也是如此：正如安雅 · 库伦纳亚（Anya Kurennaya，2015）所描述的那样，20 世纪 80 年代摇滚和金属音乐流派常见的男性身体的女性风格同时标志着一种色情化的性别越轨和外显型 (有时是厌女的) 异性恋。

10 就这样，虽然在 20 世纪 80 年代针对女性的广告变得不那么性别歧视了 (这是对女权主义持续鼓动的回应)，但在某种程度上，针对男性的广告在语气和内容上却变得越来越循规蹈矩。

11 1994 年春的 C.P. 公司的广告以完全摆脱身体的方式把这种非肉体的审美进一步往前推进了一个阶段，在色调柔和的照片中展示了放置在平面上的皱巴巴的亚麻牛仔裤。1994 年，Ralph Lauren 的“Double R”系列牛仔裤的广告，使用了一张铆钉牛仔裤口袋和手的特写照片，从而也将人们的注意力从男性的身体转移到牛仔裤的质地上。

12 同样超大号的、悬垂的、多层的轮廓不仅出现在 1992 年秋的 *Collezioni Uomo* 杂志中，而且出现在 1991 年 1 月（1991:144-145)、1991 年 4 月（1991:186-187)、1994 年 1 月（1994:70-73）和 1994 年 2 月的 ***GQ*** 杂志中（1994:140)，以及 1994 年的 ***Arena Homme+*** 杂志中（1994:104-105)，还有如 Gianfranco Ferre（1994 冬季）和 Giorgio Armani（1994 冬季）等品牌的广告中。这种超大号的多层的外观在 1989 年时尚摄影中已经很明显了：例如，在 1989 年 7 月的 ***The Face*** 和 1989 年 10 月的 ***L'Uomo Vogue*** 中都出现了这样的照片。

13 不过，它的历史可以追溯到 20 世纪 50 年代那些展示体型的杂志，更早的还有 20 世纪早期出名的健身男查尔斯 · 阿特拉斯（Charles Atlas）。

14 在马丁的批判中，阶级论也不只是一种暗示，因为他的愤怒对象主要是有诉求的、地方性的工人阶级或下层中产阶级人群。

15 chora 源自希腊语，意为子宫（空间，空地，容器）。对于克里斯蒂娃来说，符号学中的 chora 代表的是一种本能的、身体性的驱动力，这些驱动力起源于孩子能够将自己与母亲区分开来之前（作为世界上唯一的个体）的童年早期阶段。因此，它是一个在自我形成之前就存在的原始冲动空间，并且受到压抑和限制；不过，至关重要的是，利用西格蒙德 · 弗洛伊德的理论资源，克里斯蒂娃提出"被压抑的内容不能真正被压制"(Kristeva，1982：13)。符号学中的 chora 与 abject 密切相关，因为它是一个不确定的和越轨的空间。

16 克劳斯 · 蒂韦莱特对白色恐怖的（心理）分析和朱莉娅 · 克里斯蒂娃的卑贱概念之间有明显的联系，因为两者都专注于排除"不纯""污染"和女性特质。就像克里斯蒂娃一样，蒂韦莱特强调了在父权制的逻辑中，抑制情感和肉体的重要性。

对于克里斯蒂娃来说，卑贱是对人（主体）的完整性的挑战。它是人格和身体的界限变得不清晰的点，是一个人（感觉）被贬低、被抛弃或被拒绝的点。正如克里斯蒂娃所描述的，卑贱就是那些被贴上污秽和污损标签的东西，那些被禁止的东西，尤其是那些从身体散发出来的东西（她特别提到粪便和经血）。因此，卑贱指称身体的统一性及其边界和外围受到威胁的点，"内部 / 外部的非独特性"(1982：61)。克里斯蒂娃也将卑贱与一般的女性气质联系在一起，特别是与母性（以及母亲的身体）联系在一起。

因此，卑贱不仅意味着对权力的剥夺（并隐含着对女性的贬低），而且反过来也是欲望、权力和可能性的场所。对规则的拒绝和违反与超越（跨越边界）的概念有关，而超越的概念又与宗教和崇高有关。

17 虽然按照当时的标准，卡帕萨和朗也使用了比普通模特身材更苗条的模特。

18 当然，一个人可以从任何给定的身体中读出一组价值观和主体性的观念是相当有问题的(和本质主义的)。显然，不同种类的身份，包括性别身份，可以存在于几乎无穷无尽的各种身体中。

19 “花美男”既是一个成问题的理想，也是一个被问题化了的理念。问题点在于，他通常基本上被描绘为一个性对象，同时（特别是在北美文化中）经常因为他流露出来的女人气而被污名化。

MILLENNIAL MEN
4 千禧年的男人们

在研究了千禧年之交男性身体表现的变化之后，接下来让我们进一步去探索这个不断流动并充满活力时期的男装表现。

20 世纪 90 年代初期和中期的男装几乎没有什么形式或美学上的创新。尽管青年文化和亚文化继续产生独特的着装模式，但当代时尚杂志（除了少数明显的例外）缺乏 20 世纪 80 年代初的活力、信心和使命感，同时，与风格创新隔绝的主流男装小心翼翼地稳妥行事。在像 *L'Uomo Vogue*、*GQ* 甚至新成立的 *Arena Homme+*[1] 这样的男性杂志中，80 年代的大号西装和健壮的身体仍然占主导地位，一直延续到新的十年中期：正如社会学家蒂姆·爱德华兹所描述的那样，这些表现方式似乎意味着“对金钱、工作和成功的传统男性价值观的回归”（Edwards，1997：42-43）。在 *I-D* 和 *The Face* 等边缘杂志中，肮脏的反时尚结合了滑板文化以及美国嘻哈带来的影响，产生了一种超大号的、休闲的、以标志为导向的，但故意低调的男装，在形式层面上几乎没有什么实验空间。正如我所说的那样，20 世纪 90 年代初男装的一致性和平淡无奇标志着一个紧缩和焦虑的时刻，因为男子气概的社会和经济基础变得越来越不稳定。

从这个意义上说，20 世纪 90 年代初男装行业和主流时尚媒体产生的形象继续以与 20 世纪 80 年代末几乎相同的方式，将高度规范的正统男性气质的模式具体化。尽管这些霸权的表现形式继续占据主导地位，然而，伴随着新的十年的开始，围绕性别和身份的新的、与之抗衡的话语也开始出现。

20 世纪 90 年代，一系列在 20 世纪 80 年代发展起来的认同政治主流化，并产生了一系列重要的文化和政治变革：第三波女权主义的普及，强调女性气质和性别的选择和自由；出现了流行文化中的粗粝的工人阶级情绪，反映在垃圾摇滚的兴起和科琳娜·戴和大卫·西姆斯等人前卫的时尚摄影中；撒切尔主义和里根主义逐渐被重新命名的有抱负的社会民主政治所取代（对消费主义的态度比旧的左翼宽松得多）；同性恋政治的扩大，同性恋知名度的提高，以及反同性恋恐惧症作为进步的象征而出现。

在 20 世纪 90 年代初期或中期很少有人会想到，男装是一个即将进行创造性实验和彻底变革的领域，然而这些新兴的话语指出，在新千年之交将发生某些转变，从而改变男性时尚。从戴和西姆斯[2]等摄影师以及梅拉妮·沃德（Melanie Ward）等造型师的作品中，我们可以感受到理想的男性气质的另类路径，沃德拒绝了 *GQ* 和 *L'Uomo Vogue* 中那些有光泽的、迷人的、在健身房中锻炼出来的外观，而是拥抱了一种更原始的、受垃圾摇滚影响的亚文化审美（图 3.5、图 3.6）。

马克·辛普森在他有影响力的文章《镜像男人来了》（*Here Come the Mirror Men*，1994）中写到了一个新的男性消费者群体，他称之为“都市美型男”（metrosexuals），他们与第三波女权主义的追随者一样（也许受到其修辞的影响），对男性气质采取了更加乐观的、有趣的消费主义的路径（Simpson，1994b：22）。在围绕男性气质表现的讨论主要集中在“新小伙子”这一形象时，辛普森的观察和预测将被证明。[3]20 世纪 90 年代初的焦虑情绪和紧缩的经济导致了男装的节制和停滞不前。但进入 90 年代中后期，随着经济改善，人均消费增加，而且至关重要的是，随着主流文化情绪变得更加自由（克林顿在 1993 年当选，布莱尔和若斯潘在 1997 年当选，施罗德在 1998 年当选），男装在设计和表现层面的重大转变开始显现。

这样，尽管在当时还远称不上不言自明，但到了 20 世纪 90 年代中后期，一些定义即将到来的男装革命的元素已经到位。正如艾米·斯宾德勒 1997 年在《纽约时报》上撰文所说的那样：

> 时尚一次又一次地证明，即使是外表层面的目的也有多层含义。因此，当 Gucci 的设计师汤姆·福特改变了男士时尚的外表时，男装面临着一个强力的转变 [……] 他没有让设计师套装看起来成功、强大、成熟（Armani 的目标），而是让他们更年轻，更瘦，更性感。（Spindler，

1997：14）

汤姆·福特于20世纪90年代后期在Gucci开创的极具影响力的美学，可以在*Arena Homme+*杂志1997年春夏季版的两个图像中体会到（*Arena Homme+*，1997：89；Testino，1997）。在福特最新服装系列的照片中，五名男模和一名女性化妆师在光滑的黑色背景下随意啜饮香槟，摆出非正式的姿势。同一期的Gucci广告采用的形式是模特爱德华·福格（Edward Fogg）身着金色航空式短夹克，以及一件几乎开到腰部的黑色球衣衬衫，他的皮肤在忧郁的暗光中闪耀。这两张照片中突出的修身轮廓和感性情绪通过柔顺的皮革、柔软的半透明运动衫、轻薄的羊毛和丝绸传达出来，与模特裸露的胸部、金色的闪光和宽框眼镜一起强烈地唤起了70年代的迷人氛围：54工作室、哈尔斯顿、米克，还有比安卡·贾格尔。虽然这些参照纽约浮华风格的细节仍然是福特为Gucci设计的系列服装的特色所在，但在其他几个设计师的1997/1998秋冬系列以及1998春夏系列中，同样感受到了20世纪70年代的轮廓和怀旧气息。

艾米·斯宾德勒在《纽约时报》上发表的文章中不仅把注意力放到了福特身上，还把注意力放到了两位当时几乎不为人知的年轻设计师——艾迪·斯理曼和拉夫·西蒙斯身上。斯理曼让Yves Saint Laurent单调的男装产品焕发生机（他将继续在Maison Christian Dior建立一个新的男装品牌）。而西蒙斯刚刚举办了他的第一场巴黎时装秀（1997：14）。对于斯宾德勒来说，这些年轻设计师的作品显得特别新鲜、引人注目和超前，而且她并不是唯一一个提出这两个设计师正是男装所需的人。六个月后，康斯坦特·怀特（Constant White）（同样在《纽约时报》上）的一篇题为

《温汤中的香料的触感》（*Touches of Spice In A Tempert Stew*）的专题报道颇具说服力：

> 西蒙斯先生拥有与任何一位新近的时尚天才一样强大的视野，他将朋克元素与传统绅士风格自由地结合在一起。通过他涂着口红的模特，西蒙斯先生来展示他在塑造黑色裤子时的精湛技艺，无论是瘦削的裤子还是宽腿的裤子 [……] 在 Yves Saint Laurent 的设计中，也有一种令人愉快的意想不到的精神在起作用，艾迪·斯理曼和西蒙斯一样，正在探索一种具有颠覆性的绅士着装。该公司脾气暴躁的董事长皮埃尔·贝尔热(Pierre Bergé)在时装秀结束后将斯理曼推上了秀台，向他鞠躬。贝尔热有很多值得骄傲的东西：巧克力两件套，黑色皮革风衣 [……] 还有黑色的长礼服。(White，1998)

虽然米兰的 Giorgio Armani 和纽约的 Calvin Klein 等品牌生产的安全的、样式方正且打着显眼商标的运动服，是 20 世纪 90 年代初留给世界的主要服装款式[4]，但福特、斯理曼和西蒙斯以及 Costume National 的埃尼奥·卡帕萨开创了一种激进的剪裁，与新的理想身体结盟，《国际先驱论坛报》的苏西·门克斯生动地将其描述为："就像图表纸上的笔画 [……] 一条又细又直的线。"（Menkes，1998）这是一种被时尚评论员广泛理解的姿态，其意义超出了男装的美学范畴，预示着新千年男性气质的新模式。

在卡帕萨、福特、斯理曼和西蒙斯的影响下，不仅时装外形和模特的选择发生了变化，而且剪裁、细节和结构层面也进行了成熟的创新。以卡帕萨和福特为例，他们的灵感来自摆脱 20 世纪八九十年代的服装轮廓（Armani 的服装虽然尺寸过大，但仍是立体剪裁的，而在他的一些竞争对手那里，服装硬邦邦的面料是包裹而非形塑身体）。他们在选择纺织品和剪裁方法时，广泛参考了 20 世纪 70 年代的做法。但是，他们把这种对合身和褶皱的感觉与一种色彩和风格的简约感结合在一起，尤其是卡帕萨所奉行的极简主义。这种方法给男装带来了一种新的感官享受，抓住了时代精神，也改变了当代时尚的进程。福特和卡帕萨对 70 年代男装的提及意义重大，因为他们的行动是为了重塑与那个时代男性时尚相关的肉体性、创造力和自由感。他们使用的那些有褶皱的、透明的、有光泽的布料和柔软的皮革——尽管重新以修边的形式进行了重构——让我想起了我在第 2 章和第 3 章中回顾过的 20 世纪 60 年代末和 70 年代初的一些图像。

> 我的目标、抱负一直是创造一种风格，一种美学观点，如果你愿意的话 [……] 我想说，（在我的作品中）最重要的东西是受到时代启发的美学融合：20 世纪 70 年代的摇滚乐，带有极简主义倾向，我认为这种极简主义在创造 90 年代时装的过程中起到了一定作用，并结合了对意大利式剪裁的激情。对我来说，时尚不仅是一个梦想，而且是一种强烈的愉悦，它诱惑着别人，也诱惑着自己。

更年轻、知名度较低的设计师斯理曼和西蒙斯也采用了精致的剪裁，并将软性皮革和柔软面料的感官性运用（有时借鉴自女装）纳入各自的设计方法中。然而，与卡帕萨和福特不同的是，尽管他们也有很多创新和技巧，但他们还是基本上依赖于核心的服装形式——夹克、长裤、衬衫、羊绒套头衫——斯理曼，尤其是西蒙斯，越来越多地采用了一种以形式创新为特征的方法。同时，两位设计师都在实践中融入了亚文化的元素，不仅汲取了 20 世纪 70 年代初时装的魅力，而且还汲取了 20 世纪后半叶元朋克、朋克和纽约附庸风雅的风月场中的粗犷、前卫的风格。

对于斯理曼来说，灵感来自 CBGB 俱乐部的音乐家们，如 Johnny Thunders & The Heartbreakers 乐队、Richard Hell & the Voidoids 乐队、The New York Dolls 乐队，还来自摄影师罗伯特·马普尔索普（Robert Maplethorpe）。与此同时，西蒙斯沉浸于欧洲后朋克时，也提到 Joy Division、Kraftwerk 和像 Manic Street Preachers 这样的当代乐队。

拉夫·西蒙斯在 1995 年的安特卫普推出了自己的第一个系列（以低调的视频展示的形式）以及他在 20 世纪 90 年代末和 21 世纪初的所有作品中都表现出了对边缘男生气质的迷恋。在他主题为“我们只在夜里出来”（“We only Come Out at Night”）的 1996 秋冬系列和主题为“如何与你的青少年交谈”（“How to talk to your teen”）的 1997 春夏系列中，融入了对校服进行颠覆的主题和反复出现的对狂欢、朋克和新浪潮的提及。拉夫·西蒙斯这一时期服装的造型特点是贴身、均匀变形的剪裁（经常与克龙比式的大衣搭配），以及参照了前卫的青年文化元素：简化的服装、皮革材质和轻薄的宽松针织衫（Sinclaire and Mondino，1997；Simons and Daniels，1998）。西蒙斯还使用了安特卫普的青少年聚集地找到的非专业的街头模特，这一选择进一步补充了他的时尚美学。

1997 年，斯理曼在巴黎发布了他的秋冬系列，其中亚文化元素仍然是关键，随后他逐渐发展出一种视觉语言，将这些对年轻的疏离感的暗示与抽象的形式主义方法结合起来。在他 1999/2000 秋冬系列 *Disorder*

Incubation Isolation（这一标题来自 Joy Division[5] 乐队的歌曲）中，西蒙斯以大衣和军用上衣为参照点。通过这些经典形式的抽象化，他把织物打褶、分层、雕刻、夸大，并加诸梯形外套的设计中。同时，他去掉了多余的接缝、紧固件和细节，以进一步吸引人们对褶皱布料的雕塑感的注意。其他服装则更为极端：在同一系列的斗篷中，褶皱从立领的左侧落下，形成偏离中心的对角线开口；这件衣服让人想起了 18 世纪的衣服，但它的不对称性、流动性和缺乏可见的紧固件让人感觉完全是现代的（Vanderperre, 2014）。另外，西蒙斯的克龙比式大衣、衬衫和夹克保持了他特有的整洁合身的特点，但线条被拉长了，使他的男孩般纤细的模特——在 20 世纪 90 年代后期仍然是一个新奇事物——变得像幽灵一样缥缈。

20 世纪 90 年代末，斯理曼为 Yves Saint Laurent 设计的系列越来越受到关注，更进一步来说，正是他在 2001 年推出的新品牌 Dior Homme，成为他对男装至关重要的批判性介入，他指出的形式和美学路径深刻影响了未来十年男装时尚的实践。当时关于斯理曼的说法唤起了弥赛亚式的想象："然而，在时装展的最后一天，艾迪·斯理曼拯救了巴黎。"（Clark, 1999b）当全世界的目光都注视着他时，斯理曼提出了一个男装的构想，在那一刻，男装似乎是全新的、新鲜的、令人振奋的。用查理·波特在《卫报》上的话来说：

> 没有什么令人兴奋的事会在男性时尚中发生。然而在巴黎，谈论的都是艾迪·斯理曼，这位设计师在新成立的 Dior Homme 所展开的工作正引发停滞不前的男装工作室的彻底反思。

在斯理曼为 Dior 设计的首个系列，以及他为 Yves Saint Laurent 设计的最后一个系列中，一些在 21 世纪最初十年定义了他的实践的核心语义和形式元素已经很明显了。首先，是他对剪裁的强调，正如理查德·阿维登（Richard Avedon）为 2001/2002 秋冬系列时装拍摄的埃里克·范·诺斯特朗（Eric Van Nostrand）的标志性照片所证明的那样，在这张照片中，夹克一方面恢复了其结构形式——省道穿过腰部，肩部是填充并轧制的，另一方面丢弃了传统剪裁的多余帆布（Avedon，2001）。虽然这些服装很少作为传统西装穿，但是这种对正式和晚礼服元素的优先考虑，反映了斯理曼的许多系列时装中的一个反讽的层面：是对 20 世纪 90 年代占据主导地位的运动服的和超大号剪裁的回应，具有讽刺意味的是，这使男士晚礼服非常传统的高雅形式成为一种颠覆性的姿态。为了防止这种颠覆性无法被感觉到，斯理曼引入了一种抽象的方法，剪裁衣服的冗余以揭示其纯粹的形式。在 Yves Saint Laurent 的 2000/2001 秋冬系列中，衬衫完成时没有纽扣，或者更戏剧性地，衬衫被重新诠释为一块挂在脖子上的布，随着模特沿着 T 台的行进，它变得生动活泼（Slimane，2000）。在这两套服装中，对男装的核心形式的了解和尊重与对它们进行挑战和彻底颠覆的意愿结合在了一起。此外，裸露的皮肤，尤其是褶皱的感觉，带来了一种性欲，如果模特只是赤裸上身，这种性欲就不会那么强烈了。这种暧昧的情欲感在黑白的颜料、深领口和透明面料中体现得也很明显，在模特胸部的白色和服装的黑色之间创造了一种图形并列（Slimane，2000）。1973 年专辑《钻石狗》（*Diamond Dogs*）的美学体现在整个系列对鲍伊和洛克西音乐团（Roxy Music）的致敬中，包括金银线织就的裤子、尖头软呢帽、锐利的剪裁和闪闪发光的配饰（图 4.1、图 4.2）。但这些形

图 4.1 “Simmons, T. and Munro, T. (2001). A+ Collections: Yves Saint Laurent Rive Gauche. *Arena Homme+* (14), p. 144.

图 4.2 Simmons, T. and Munro, T. (2001). A+ Collections: Yves Saint Laurent Rive Gauche. *Arena Homme+* (14), p. 145.

象的丰富性总是与造型的克制和极简主义相平衡。在 Dior Homme 2001 秋冬“Solitaire”中，剥离的背部剪裁的洁净感与微妙的装饰元素相辅相成。黑色晚礼服翻领上的胸花织物是使用 Dior 著名的高级定制女装的技术制作的；这些精密的和装饰性的潜在冲突元素与适度的克制相平衡。这些服装所留给我们的印象，也反映在当时的时尚新闻报道中，这些报道也认为这些作品既大胆出格，同时也具有强烈而坚定的使命感。

到了 21 世纪最初十年的中期，艾迪·斯理曼的造型方式——纤细修长的线条；贴身的剪裁；女装的制作工艺；来自 Roxy Music、New York Dolls、David Bowie 这一脉络的 20 世纪 70 年代的迷人感——影响了许多高端男装供应商。斯理曼超越了福特和卡帕萨的创新，体现了更为激进的美学理念，斯理曼融合了肮脏的魅力、精准的剪裁和柔和的轮廓的风格，在 Fendi、Burberry Prorsum、Prada、Spastor、Alessandro Dell'Aqua，甚至意大利休闲服装品牌 Iceberg（这一品牌之前与超大号牛仔和花哨针织衣物紧密联系在一起）的男装产品中都可以看到。斯理曼在 21 世纪最初十年的初期到中期的系列男装中，将柔和的悬垂丝织品与修身牛仔裤、皮革和摩托车饰面相结合，这一特点在 Silvia Venturini-Fendi 的 Fendi 2004 年秋季和 2005 年春季的男装时装秀中得到明显展现（Venturini-Fendi，2003；2004），在透明、有光泽的皮革面料的使用上，带有明显的 20 世纪 70 年代的“豪华”质感。这种质感也体现在缪西娅·普拉达（Miuccia Prada）为同一季节 Miu Miu Uomo 设计的非常贴身的轮廓中。

然而，也许斯理曼的美学最重要的影响之一是发生在高端时尚界之外的。在 21 世纪最初十年的末尾，甚至可以说在他 2007 年离开 Dior Homme 之后，他开创的修身裁缝就已经对高街时尚产生了越来越大的影响——在包括 Topman 和 Zara 在内的大众市场品牌中，以及收入相对不高但又注重时尚的男士的衣橱里（Topman，2009；Westgarth and Ellis，2009；Mackie and Lloyd，2010）。那个时代标志性穿衣风格——紧身牛仔裤搭配定制夹克，这一外观很大程度上来自由斯理曼为 Dior Homme 设计的服装，并因此而流行。朋克风格的影响也是如此——细针距的运动服和针织衫，以及低领口风格都来自斯理曼的设计。斯理曼通过广告宣传传播他的美学，经常拍摄自己并在新涌现的男性时尚杂志市场上亮相，这些杂志包括 2004 年推出的 *10 Men*；2005 年推出的 *Other Man*；2005 年推出的 *Fantastic Man*；以及 2007 年推出的 *Numéro Homme*（Slimane，2005；2006a；2006b）。同样重要的是，他还与各种摇滚团体合作，包括 The Libertines 和 Franz Ferdinand（斯理曼为他们设计服装，而他们有时还在斯理曼的时装秀中演奏），从而超越了深度了解时尚的人群，更广泛地渗透到了那个时期的文化意识中，因此艾迪·斯理曼的时装外观变得广为人知，甚至那些从未听说过他名字的人也对此很熟悉。斯理曼对这一时期男装无处不在的影响也许可以参考工业设计师雷蒙德·洛伊（Raymond Loewy）的格言来解释：设计应该为消费者呈现“最先锋的，且又是能为人所接受的”风格(Pawley, 1992)。斯理曼的早期系列足够吸引业界的注意，同时对于相对广泛的消费者来说，它们的可读性和可理解性也是足够的。

2007 年离开 Dior 后，斯理曼的影响力还可以在 Lanvin 的卢卡斯·奥森德里耶弗和 Dior Homme 的新设计师克里斯·万艾思的设计中感受到，这两人之前都曾在他手下工作。从斯理曼在 Dior Homme（他着力创建的品牌）任职伊始，Dior 男装产品中体现的设计理念就已经彻底改变[6]，而正是他对利润的革命性贡献，确保了各大品牌“开始注意到”男装的潜力。即使斯理曼准备离开他带到世界上的品牌，Dior Homme 的利润也在继续增长，Dior 董事长伯纳德·阿诺特（Bernard Arnault）评论道："Dior Homme 的整个产品线经历了持续增长。"（Arnault，2007：17）正如迈尔斯·索查（Miles Socha）在 2007 年为 *Men's Week* 撰写的一份报告中以及威廉·德鲁（William Drew）在为 *Wish* 杂志撰写的卢卡斯·奥森德里耶弗简介中所指出的那样，直到 21 世纪最初十年的中期，法国主要时装公司基本上可以忽略男装及其潜在收入：

> Lanvin 男装也开始繁荣起来，这在很大程度上要归功于两年前推出的一个新的时尚系列，这一系列由 Elbaz 监督，由之前任职于 Dior Homme 的设计师卢卡斯·奥森德里耶弗设计。Lanvin 总裁保罗·丹尼芙（Paul Deneve）说，随着该品牌重新进入了美国和意大利等具有时尚和奢侈品意识的市场，2008 年春季的男装订单猛增了 80%。（Deneve，2007，转引自 Socha，2007：1）

> 尽管 Lanvin（在男装设计方面）独树一帜，但它也可以被视为法国传统时装公司复兴的领头羊。像 Givenchy、Yves Saint Laurent、Balenciaga 和 Balmain 等久负盛名的品牌，长期依赖女装和配饰，损害了它们的男性业务，它们都在重新发现新的男性气质。这些公司正受益于一大批激进的设计师，而不是那些保守的懦夫。（Drew，2009：46）

回想起来，这些品牌花了这么长时间才意识到男装的潜力，这似乎很不寻常。但是，正如我所提示的那样，男人的时尚可以或者应该成为与女装相抗衡的一个创造性领域，这种观念与人们对男装本质和男性气质的看法相悖，而那种传统的观点在 20 世纪 80 年代末和 90 年代以复仇的姿态重新确立了自己的主导地位。“归根结底，管理公司的人希望这些衣服看起来像是他们自己会穿的那种衣服，而他们并没有真正看到一个超越这种狭隘观念的世界。”

● 亚文化、音乐和时尚

西蒙斯和斯理曼的作品既借鉴了当代亚文化，又与 20 世纪七八十年代的亚文化联系在一起，将各种各样的典故交织在一起，形成了一种混合风格。像 Manic Street Preachers、Suede 和 Pulp 这样边缘、独立并反主流的乐队，已开始在 20 世纪 90 年代中期流行，当然也有一些迹象表明，在西蒙斯和斯理曼的早期设计中，带有贾维斯 · 科克、里奇 · 爱德华兹和布莱特 · 安德森的华丽空乏（manqué）美学（这一美学受到 Ziggy Stardust 的影响）。这些群体的音乐和视觉审美，表现在他们的服装、化妆、头发和录像中，同时唤起了一系列并置的亚文化氛围：朋克的粗放风格；修身的二手西装，致敬了摩斯族和新浪潮；以及一大批新浪漫主义的双性化的丝质无纽扣衬衫和齐下巴的蓬乱头发。乐队主唱的纤细身材也是其吸引力的一部分。

拥护这种复古美学的并非只有这些音乐家。斯理曼和西蒙斯的设计（以及像西姆斯、戴和沃德这样的摄影师和造型师）应该被理解为与 20 世纪 90 年代的独立制作 / 另类亚文化对话。到了 90 年代中叶，在英国，一个可以辨认的场景出现了：穿着古董衣服的青少年聚集在卡姆登市场周围，经常光顾诸如 Camden Palace，the Scala in Kings Cross 以及 Trash（The End）等夜店。与场景的感官性不可分割的是对主流时尚和音乐的商业价值的拒绝，在对各种各样的 70 年代元素的引用中表达自己。从这个意义上说，独立制作亚文化保持了 70 年代和 80 年代初激进青年文化的颠覆性火焰——成为 80 年代末和 90 年代初被推到边缘化的、另类的、非规范的性别再现和表达的空间。斯理曼和西蒙斯这样的设计师并不是进行一种简单的挪用行为，他们对探索和赞美边缘的、非主流的男性气质有着明确的兴趣，他们很自然地会参与到这个场面和美学中来。为了呼应在纽约 CBGBs 模式中展现的 70 年代的“氛围”，Strokes 乐队在 2000 年出现了，他们 Ramones 般的外观和吉他导向的声音变得具有巨大的影响力。正如《卫报》的文化编辑亚历克斯 · 李约瑟，（他以前是 *The Face* 和 *NME* 的编辑）向我描述的那样：

> Strokes 乐队一开始就被时尚界所接受。你想想 Strokes 在当时穿的是什么——牛仔裤配西装夹克，再加上匡威鞋——这几乎持续了整整十年。这是纽约朋克乐队外观的革新版，这种外观可以直接追溯到 Velvet Underground 乐队，音乐上也可以作这样的追溯。（Needham，2013[采访]McCauley Bowstead，2013）

当然，斯理曼所做的不仅仅是借鉴了一系列不同的典故。从 21 世纪初开始，当他新加盟 Dior Homme 时，拥有庞大的广告预算和不断增加的媒体曝光，他做了很多工作来将一直停留在流行文化边缘的一种外形打扮普及化并将其带入主流之中。对我个人来说，我因为自身的苗条和双性化的外表，所以特别欢迎这些时尚的转变：我永远不会让肌肉凸显出来，也不会晒得很黑。就我而言，20 世纪 80 年代末和 90 年代的肉体理想正在被一些更容易实现的事情所取代，重要的是，被另一种风格和精神所取代——阈限的、暧昧的、富有魅力的和好玩的——这是我能与之联系起来的。人们对我的态度发生了相当明显的变化——我的外形开始流行起来。

正如我所谈到的，像 Trash 和随后的 Nag Nag Nag 这样的夜店充当了这种外观的孵化器和传播者。在 2002 年左右拍摄的 Trash 照片中，可以看到斯理曼和西蒙斯美学的许多元素——纤细的体型，对摇滚乐元素的引用，对加里·纽曼（Gary Newman）式的陌生感的暗示（图 4.3）。然而值得注意的是，斯理曼、西蒙斯和卡帕萨早期系列的精致和简约优雅的感觉并不那么明显——这表明了这些设计师提升和转换他们所参照的原材料的方式。事后回想一下我自己的照片，同样值得注意的是照片中出现了后来被（相当轻蔑的）指称为潮人文化的元素（尽管这个词在当时并不常用）。

● 酷儿男性时尚

男装经济学和当代流行文化的发展在一定程度上解释了自本世纪初以来创意男装所享有的势头。当然，时尚实践和再现的这些转变，也是对 20 世纪 90 年代中后期和 21 世纪初人们对待性别和性取向态度的深刻和快速变化的回应。

20 世纪 80 年代，在社会党总统弗朗索瓦·密特朗（François Mitterrand）的领导下，法国已经颁布了进步的法律，对同性同居伴侣给予承认（包

图 4.3 McCauley Bowstead, J. (2002). *Clubber at Trash*. London: The End.

括一些婚姻权利)，并提供法律保护，防止对同性恋和变性人的歧视。然而，在英国和美国，由于右翼政府当权，在20世纪80年代的"传统家庭价值观"与"放任的"社会自由主义的一系列"文化战争"中，同性恋和单亲家庭被视为重要问题。正如马丁·麦克·安·吉海尔（Máirtín Mac an Ghaill）和大卫·普卢默等男性气质研究方面的理论家所论述的那样，恐同不仅是压迫同性恋者的重要方式，而且以从更为广泛的方式构建和塑造了人们对性别的态度（特别是男性气质）："在男性领域，可以接受的标准是霸权性的男性气质，而不可以接受的内容是由恐同心理所决定并由恐同心理强制实施的。"（Plummer，1999：289）也就是说，同性恋恐惧症的功能是约束、调节、建构和塑造异性恋者的行为，就像对同性恋少数群体的羞辱一样。

然而，到了21世纪初，人们的态度发生了很大变化。不仅恐同法规越来越多地被从法律[7]中删除，而且欧洲大部分地区和美国大都市的公众舆论也发生了转变（*Pew Research Centre*，2013）。对于同性恋和异性恋消费者来说，对那些与可接受的"恐同主义"相违背的服装和举止模式的恐惧越来越少，21世纪最初十年的男装可以自由探索更广泛的美学和能指。这一社会语境也使男性主体性和时尚实践的新形式开始出现。马克·辛普森创造了"都市美型男"一词，他表示，异性恋男性气质的表现、体认和经验的方式正在发生变化。在辛普森干预之后的几十年里，描述男性的各种分类的出现——从"潮人""都市美型男"和"新小伙子"到"兄弟"（bros）和"运动性感男"——提供了男性气质多元化的证据，这表明男性在身份和外表方面的尝试越来越多。正如定性研究所表明的（Hall，2015），这些形式的身份肯定是有意义的（至少对某些人来说，在他们生命中的某些时候是这样的)，尽管这些名义上截然不同的身份之间的界限仍然是漏洞百出，它们的定义是不稳定的和偶然的。

尽管存在着这种可变性和不稳定性，但这些术语提供了一种讨论框架——尤其是一种谈论和思考异性恋男性气质的方式——挑战了围绕性别的正统假设。将都市美型男作为20世纪90年代中期的这一现象的命名，可以理解为女权主义学者林恩·西格尔（Lynne Segal）所倡导的“异性恋的酷儿”。西格尔（在与辛普森同年写作的书中）认为：

> 所有的女权主义者都可以，而且战略上应该参与到试图颠覆“异性恋”的含义中来，而不是简单地试图废除或压抑它[……]挑战在于使人们承认存在许多“异性恋气质”。从这个意义上说，酷儿可以理解为推翻和颠覆了人们对性别的常识性理解，这种理解往往把男人和女人限制在僵硬的二元行为准则之中，并且进一步地说，酷儿是一种将霸权身份分裂成更多的多元和分散的主体性的方式。

毫无疑问，斯理曼的客户和崇拜者太过老练，无法认同像都市美型男这样一个粗糙的标签，他们也不一定会沉浸在林恩·西格尔对酷儿理论和女权主义研究的综合中。然而，正如我所主张的，像斯理曼、朗、卡帕萨和西蒙斯这样的设计师在20世纪90年代末和21世纪初对性别语言的介入，应该被理解为是出于一系列与辛普森和西格尔相同的关注：也就是破坏、挑战和瓦解性别的本质主义和异性恋模式的愿望。

● 千禧年的男人们

斯理曼在21世纪最初十年的中期获得了很多关注，并且证明了自己的影响力很大，而拉夫·西蒙斯2005年开始为德国设计师品牌Jil Sander[8]（当时境况不佳）继续更为低调地工作，他的工作虽然获得了积极的评价，但这些评价很少谈到他对于范式的改变。西蒙斯一边在设计自己的同名系列，同时在Jil Sander男装和女装系列中潜心工作，他慢慢地摸索出一种方法，他在衣服的结构中加入建筑元素，并尝试新的服装类型。这是他早在20世纪90年代中期的时装系列中就暗示的一个方向，并逐渐发展成熟，提出了一种新的男装类型，在形式层面和风格层面上都有所创新。

西蒙斯在21世纪最初十年中后期的作品中，经常表现出对几何结构和简易性的关注，这在他为自己的品牌设计的2005春夏系列中，以及在他为Jil Sander设计的2009春夏系列男装中都体现了出来。通过隐藏紧固件和口袋，将接缝移位到衣服后面，并避免省道和款式线，纯粹的线条表达了整齐的简易性：这种方式与20世纪的现代主义密切相关。在2009春季时装秀上，这些对现代主义的引用变得非常明显，具体表现为剪裁过的夹克，修剪了的领子和翻领，对比色的条纹[9]，衬衫的紧固件隐藏在胸衣下，拉链呈现为纯粹的最初形态（图4.4）。这个明亮、生动、现代主义的集合，唤起包豪斯风格和建构主义的乌托邦，与西蒙斯早期作品中更忧郁的情绪形成对比。[10] 西蒙斯乐观主义的、抽象性和对建筑元素进行实验的设计方法，也与我在20世纪60年代末的*L'Uomo Vogue*和70年代初的*Tailor & Cutter*（如第2章所述）中所发现的形式主义相联系。

汤姆·福特在20世纪90年代末和斯理曼在21世纪最初十年的初期和中期经常提及各种20世纪70年代富有创意的和亚文化的场景的魅力，

图 4.4 Madeira, M. (2008). Jil Sander Spring/Summer 2009 by Raf Simons.

图 4.5 Costume National Spring/Summer 2005 (2005). *Collezioni Uomo.*

并通过这些引用找到了轮廓、褶裥和面料选择的新方法。相比之下，西蒙斯在21世纪中后期开始探索新型的服装及其构造方法，这一创新主要是在形式层面进行的。从这个意义上说，西蒙斯在21世纪最初十年中期的项目让人想起了我在前几章中讨论过的一些20世纪70年代的时尚路径——试图重新定义、重组和重新想象当代世界中的男装。在21世纪最初十年中期，Costume National的埃尼奥·卡帕萨——他和福特一起在20世纪90年代重新启用了20世纪70年代的身体轮廓——还参与了一项正式的男装调查研究，其中涉及他的定制系列中的盔甲和防护服（图4.5）。通过吸引人们对具有创新风格的男装的关注，斯理曼抓住了时代的精神，催化了行业的结构变化以及该领域的风格变化。然而，随着进入千禧年的第二个十年，是西蒙斯，而不是斯理曼，引领了一种全新的充满活力和自信的设计实践的方向，这种做法越来越多地寻求在核心服装形式之外彻底改造男人的衣橱。

一方面，这个由设计师、摄影师和造型师组成的小圈子在20世纪90年代末开创的男装发展似乎是凭空出现的。在千禧年之交，斯理曼为Yves Saint Laurent和Dior Homme设计的系列体现了一种与其他当代品牌迥然不同的审美观，拒绝了建制性权力，转而追求一种更为暧昧、感性的风格，也许令人惊讶的是，这种风格在商业上获得了相当大的成功。在21世纪最初十年里，一小部分打破传统的人已经能够让大的奢侈品公司和高街上的零售商都开始关注男性时尚，他们通过大胆实验，对这个行业的保守主义提出了挑战，从而实质性地改变了这个领域。斯理曼和西蒙斯都以制作书籍、举办展览以及与记者、作家、音乐家和艺术家合作而闻名，他们试图将自己的愿景传播到时尚世界之外。

另一方面，这些设计师探索的美学和思想——我希望我已经证明了——有着更悠久的传承。从引人注目的轮廓，解构性的、暴露身材的服装，以及丰富多彩的装饰中可以看出，斯理曼、西蒙斯、卡帕萨和赫尔穆特·朗引用了从孔雀革命到后朋克风格的各种古怪的亚文化风格。不过他们的工作也更广泛地与千禧年之交的性别风气转变有关，这一点联系着当代女权主义的贡献——特别是林恩·西格尔（Segal，1994）描述的酷儿的异性恋，也与进步的、革新的男性气质的更长历史有关，从20世纪70年代的“男性解放”到埃里克·安德森（Eric Anderson，2009）研究并理论化的包容性男性气质。斯理曼和西蒙斯尤其对性别有明确的兴趣，并渴望挑战规范的、正统的男性气质的霸权地位。正如斯理曼在2001年所说的，“男性气质带来这样一种心理：我们被告知不要冒犯它，它是仪式性的、神圣的、禁忌的。真正去改变它是很难的，但我正在取得进展，我正在试图找到一种新的路径。”（Slimane，2001，转引自Cabasset，2001）这些活跃在千禧年前后的先驱设计师利用了潜伏在主流文化和集体心理中的趋势：他们的成就在于重新激活了这些话语，将它们传播给更广泛的受众，并使它们与新一代男装消费者相关。

注释

1 成立于 1994 年的 *Arena Homme+* 将继续发展一种比 *GQ*、*Esquire* 和 *L'Uomo Vogue* 等更成熟的时尚杂志更具前瞻性的时尚形式。尽管如此，它的初期发展仍然很大程度上归功于在 20 世纪 90 年代早期流行并在这一时期的 T 台上占据主导地位的男性美学。

2 世界卫生组织后来与拉夫 · 西蒙斯合作制作了一本名为《孤立的英雄》（*Zsolated Heros*）(1999) 的相册，收录了西蒙斯在 2000 春夏系列中拍摄的街头模特的照片。

3 事实上，辛普森与其他评论员不同，他在男孩主义（laddism）中看到了一种自我意识的表现力，这种表现力与性别作为游戏的概念相联系。

4 当然，许多有趣的男装设计师在 20 世纪 90 年代初和中期继续实践，包括让 - 保罗 · 高缇耶、凯瑟琳 · 哈姆内特 (Katherine Hamnett)、山本耀司和德里斯 · 范 · 诺顿 (Dries Van Noten)，他们带来了各种非欧洲的“民族”元素、本土亚文化影响，以及一些在 T 台上展示的特殊的衣服轮廓。然而，纵观 *Collezioni Uomo*、*L'Uomo Vogue*，甚至是所谓的“前卫”和具有实验性的杂志 *The Face* 和 *i-D*，在这十年前期也只能看到几乎没有任何变化的非结构化夹克和带有著名制造商标识的平庸运动服，一季又一季都是如此。

5 20 世纪 70 年代末的英国乐队，其音乐对一代心怀不满的年轻人具有重要意义，主唱伊恩 · 柯蒂斯 (Ian Curtis) 年轻时不幸自杀。Joy Division 的成员穿着来自二手店的朴素而低调的西装，以区别于他们同时代的朋克。

6 该品牌之前被称为 Christian Dior Monsieur，在一个籍籍无名的设计团队的领导下生产毫无特色的西装。

7 2000 年欧盟就业法的一项规定要求欧盟成员国在 2003 年底之前禁止就业中的性取向歧视（stonewall.org.uk，2003）。

8 桑达（Sander）自己也被品牌所有者取代了，失去了使用自己名字的权利，她陷入了激烈的法律对抗中。

9 具体来说，是对包豪斯风格的引用，但是中性色、浅色和黑色的色彩（对于近乎原色的强调）防止了审美的曲解——值得注意的是，在包豪斯学派中，服装设计是一个被忽视的学科［尽管在苏联背景下，像瓦瓦拉·史蒂潘诺娃(Varvara Stepanova)、亚历山大·罗琴科(Alexander Rodchenko)和柳博夫·波波娃（Liubov Popova）这样的建构主义设计师确实设计了不少服装］，所以西蒙斯主要参照的是这个时期的家具和图形。

10 近年来，西蒙斯在更怀旧、更忧郁的作品（比如 2017 春夏男装系列）和更乐观的现代化方法（比如 2013/2014 春夏男装系列）之间摇摆。

THE SHOCK OF THE NEW
5 新时尚的震撼

也许每一门学科都经历过这样一个历史时期，在这个时期里，它闪耀着一种特殊的光辉，即使只是一瞬间，它似乎都能表达出一些特殊的东西，特别是它所处的当代（世界）中的一些特殊的东西。在绘画中，我们可能会说，这个重要的时代是在 1870 年到 1900 年，因为艺术家们在与新兴技术的对话中，找到了描述现代生活、自然体验的方式：（光、水、新鲜空气）和以新的、令人兴奋的方式流动的城市。在女装领域，1910 年至 20 世纪 40 年代末，出现了一次又一次锐意创新，裙摆由下而上，束身衣被摒弃又重新被发现，包括斜纹剪裁在内的技术也得到了创新。而在当今这十年里，男装作为一门设计学科具有一种似乎前所未有的活力，质疑了从 20 世纪继承下来的服装形式，并寻找新的男性美学的路径。

> 男装的发展从何而来？男装正式到来了。男装市场长期以来位于女装的阴影中，一直处于时尚界最遥远的边缘，而现今的状况则预示着一个市场的新开端，男装被赋予了独立的话语权。作为有史以来第一个男装时装周——伦敦男装周——揭开了序幕，90 名英国男装设计师有机会挑战之前在米兰和巴黎所展示的老牌男装系列。（Fashion United，2012）

正如上文中时尚联盟（Fashion United）所言，在新世纪的第二个十年之初，男装无论是作为一门创意学科，还是作为一个行业，都前所未有地占据了更为重要的位置。在过去的十年里，从 Lanvin、Givenchy 到 Balmain，法国各大时装品牌都重新推出了自己的男装系列，一批锐意创新的男装设计师纷纷建立自己的品牌（2006 年的 Juun. J，2008 年的 J.W. Anderson 和 James Long，2010 年的 Astrid Andersen）。2012 年，伦敦举办了新的男装周（纽约也紧随其后），奢侈品行业的全球男装销售总量也在快速增长。

在奢侈品领域，男装的增长速度是女装的两倍 [……] 据贝恩咨询公司透露，占全球市场 40% 的奢侈品男装市场价值为 1500 亿英镑，目前每年增长 14%，而女装仅增长 8%。（Milligan，2011）

男装正逆着低迷的零售趋势发展，过去六个月，这一类别的总销售

图 5.1 Fewings, T. (2015). *Craig Green Spring/Summer 2015*. [Menswear Collection] London. 克雷格 · 格林的解构和实验系列参考了设计师赫尔穆特 · 朗早期的作品。

额增长了3%[……] 研究发现，在此期间，品牌男装的销售额增长率高于自有品牌销售额，品牌男装的总开支从16.1亿英镑增长到16.7亿英镑，增长了4%。自有品牌销售额从28.2亿英镑增加到28.9亿英镑，增幅为2%。（Gallagher，2012）

即便是在美国、英国和德国等西方大型时尚市场，过去几年男装的销售额增速也快于女装。欧睿信息咨询公司将这一趋势命名为“男装复兴”，并将销售热潮归因于男性越来越在意自己的外表，并相应地调整了自己的装束习惯。自1998年以来，全球男装销量飙升了70%以上，而且似乎没有任何迹象表明这一趋势会很快放缓，因此今年的男装市场预计将达到4500亿美元。（Fashion United，2014）

先进的艺术水平：2010年以来的男装

“士兵们不是为了战争，而是为了和平而存在，这就是故事。”（Elbaz，2011）

卡帕萨、斯理曼和西蒙斯等人的创新为男装带来了一种全新的自由：随着进入21世纪的第二个十年，新一代设计师将继续利用这种自由来有力地回应更广泛的世界经济和文化变化的反应。21世纪最初十年末期的经济衰退——起因于金融机构的崩溃——重新唤起了人们对真实性的渴望。就好像杠杆金融工具的虚幻、不稳定、虚无缥缈的本质，导致了它的崩盘，所以服装行业需要回归到坚固性、有形性和工艺性，表现为手工制作的朴素美学。然而，在20世纪80年代末和90年代，回归“真正的男子气概”的呼声往往会抑制男性时装的新奇性和原创性，但在21世纪第二个十年的头几年，这个新方向又更深入地融入了创意男装设计师的系列。包括卢卡斯·奥森德里耶弗、郑俊熙（Juun. J）、尼奥·贝奈特（Neil Barrett）和达米尔·多玛（Damir Doma）在内的实践者群越来越强调一种韧性，这种韧性有别于过去十年典型的精细针织物（伴随着奢华和魅力的气息）。这是一种被成问题的、模棱两可的感觉扭曲了的韧性，一种将柔弱的和飘逸的美与男性服装的原型中意想不到的元素结合在一起的韧性。随后，J. W. Anderson 和 Vetements 等品牌在2017春夏系列中也采用了这种方法，他们的俏皮装扮包括套装、运动服和工作服。2011年，卢卡斯·奥森德里耶弗将他的春夏系列总结如下：

> 它是关于对立的，是软和硬之间的矛盾。这种外观首次出现在机场的安保人员那里，但是我们需要转化这种外观，在这一过程中用了平纹细布、柔和的颜色和一种技术，即在实用服装上涂上一层精细的皮革，然后将其压在衣服里：这种技术允许一定的透明度，同时又能让人感觉到有什么东西隐藏在表面之下，以这种方式，成为这个系列的一个隐喻。（Ossendrijver，2011）

奥森德里耶弗设计的Lanvin春夏系列［在阿尔伯·艾尔巴茨（Alber Elbaz）的整体创意指导下］是在T台展示中推出的，尽管以另一个国家的另一个城市的电脑屏幕为中介，它仍然让我体验到活力和欣喜。这一系列作品给人留下深刻印象的，与其说是其独创性，不如说是其精致的构思、超前的设计和稳重感。看起来像是软羊革制成的柔软束腰外衣，实际上是由棉布斜纹布层压在一层皮革薄膜中制成的，其下面的接缝和镶条可以看出是一种平纹风格（图 5.2）。这些是根据柔软的圆形肩膀剪裁的，或者是无袖的，它们不同寻常的结构给人一种轻盈和耐用的印象。绉布裤子和无结构的夹克衫通过其宽大的褶皱传达出柔软和奢华的效果，尽管这一点被暴露的拉链带、胶带缝和黄铜压钉（审慎地使用，以确保其整洁性）所抵消。在图 5.3 中，袖子从图案里面“长出来”以避免看见接缝，当有弹性的布料在翻滚的褶皱中下落时，就给人一种透气的感觉。

与降低精细度的运动衫形成鲜明对比的是，该款运动衫的体积贴合感和质感非常灵巧，布料经过涂层、水洗和压花处理，采用了技术性饰面、哑光皮革和光滑的湿外观处理。Lanvin 创意总监阿尔伯·艾尔巴茨这样描述军事主题：“士兵们不是为了战争，而是为了和平而存在，这就是故事。”（Elbaz，2011）因此，军事装饰的硬度被面料的柔软褶皱抵消了，当模特沿着 T 台疾走时，这件长而实用的束腰外衣围绕着他的身体舞动得特别漂亮（Fashion TV，2011）。这种质感的柔软性与色彩的柔软性相结合，服装的水洗黑褪色为鸽灰色、蓝灰色、藏红花般的暖黄色、中性酞蓝色和胭脂红。

“和平战士”是“软”和“硬”的组合，某些事物“隐藏在表面之下”。这些概念反映了当代男性时尚和男性气质的特性：对前几年明显的戏剧性的拒绝，但也并不是对传统意义上的男性气质的拥抱，而是对其他东西的追求。这种对立产生了一种疏离效应（Brecht，2005[1936]）——与其说是作为主角的模特和观众之间的疏离，不如说是这些服装和他们通常意义之间的疏离。

图 5.2 Lagneau, N. (2011). Lanvin Spring/Summer 2012 by Lucas Ossendrijver [image].

图 5.3 Lagneau, N. (2011). Lanvin Spring/Summer 2012 by Lucas Ossendrijver [image].

图 5.4 Virgile, V. (2011). Lanvin Spring/Summer 2012 by Lucas Ossendrijver [image].

在韩国设计师郑俊熙的 T 台上，可以看到类似的疏远效果和神秘感。他的 2014 春夏系列，将正式的创新与标志性的服装结合起来，这些服装经过改造，变得陌生、模糊和超凡脱俗（图 5.5、图 5.6）。就这样，郑俊熙的 2014 春季系列显示了其与男装原型形式的密切关系，但在他的作品中，这一形式被不可思议地夸张化了，变成了对传统男装原型的变形的呼应。

在图 5.7 中，一件美式球衣被抽象并放大成类似韩服的比例，肩部下垂，与袖子形成一条连续的曲线，而造型线和凸起的字体则显得有些夸张，坚硬而又柔软的工艺做就的运动衫上的大理石数字印花强化了衣服的雕塑感。设计师将这件重新设计的球衣与最短的定制短裤结合在一起，短裤的臀部很高——腰部不太自然——并用厚重的手镯和白色橡胶靴来装饰整个服装。在他的其他系列中（如本书封面上的服装），高腰剪裁的短裤与更像韩服的衬衫结合在一起，短裤的简洁强调了模特们裸露双腿的长度，既有挑逗性又有异域风情，而双排扣剪裁的夹克，再次与短裤搭配，并塞进腰部，肩部填充到了狂野的比例（图 5.8）。用夸张的语言来描述这个大胆的系列并不过分：它出人意料的比例，以及对标志性男装的不可思议的夸张运用，都与拉夫 · 西蒙斯的风格相似，但西蒙斯的作品往往带有一种郑俊熙的系列服装所抵制的叙事性。很能说明问题的是，设计师将这个系列命名为 UNUNIFORM，并发布了一份新闻稿，声称他的目标是“为一个已经讲述过的故事注入新的生命，从而打破熟悉所造成的障碍”（Juun. J，Samsung Everland，2013）。

虽然郑俊熙试图解构和戏仿原型服装，但是他的系列男装仍然是易辨认的，因为它包含了可辨识却被夸大了的服装元素。从这个意义上说，

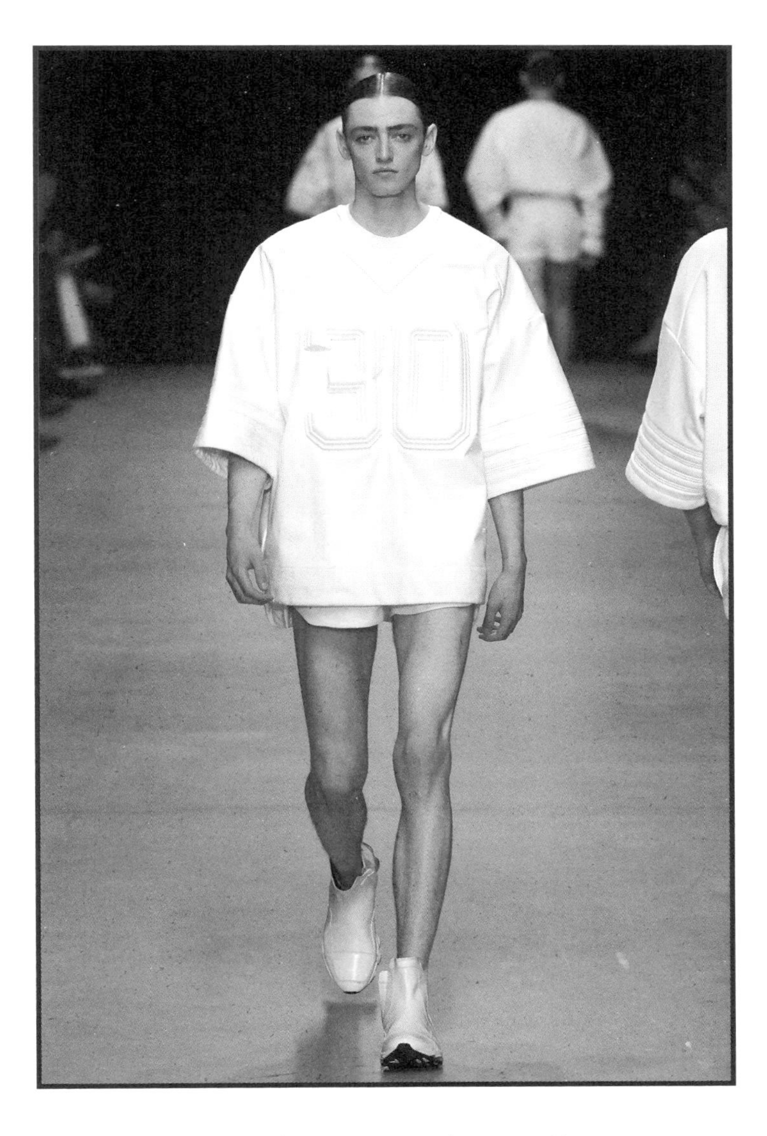

图 5.5 Virgile, V. (2013). Juun. J.Spring/Summer 2014 Catwalk Show [image].

图 5.6 Virgile, V. (2013). Juun. J.Spring/Summer 2014 Catwalk Show [image].

图 5.7 Virgile, V. (2013). Juun. J.Spring/Summer 2014 Catwalk Show [image].

图 5.8 Virgile, V. (2013). Juun. J.Spring/Summer 2014 Catwalk Show [image].

UNUNIFORM 是一个集合，它讲述了它的时代，它不仅通过既拒绝又融入传统男装的方式，让那些传统的男性表现方式感受到挫折并意识到他们的局限性，而且呼唤一种新的审美可能性。

在郑俊熙和奥森德里耶弗这样的设计师的作品中[1]，当代男装时尚越来越多地从服装的构图、立体、结构和构造等方面进行探索，以摆脱 20 世纪男装和男性气质的局限性原型。在这些男装形式的重新设计中，我们很容易看到与 20 世纪初女性时装革新的相似之处。他们就像玛德琳 · 薇欧奈（Madeleine Vionnet）和可可 · 香奈儿[2] 等设计师一样，为服装带来了一种新的简约感，也为身体带来了一种新的关系，郑俊熙、奥森德里耶弗、拉夫 · 西蒙斯，以及新近的实践者李东兴（Ximon Lee）和孙小峰皆是如此。19 世纪的女装从表面上和隐喻意义上都把女性硬邦邦地包裹在一种限制性的女性气质中，但是香奈儿和薇欧奈使用了新的轻薄面料和新颖的剪裁和打褶的方法，创造了一种柔软、自由和性感的感觉。香奈儿借鉴了男装、运动装的剪裁式样，以及薇欧奈所偏爱的剪裁——她裙子上复杂的缝线描绘并温柔地抚摸着身体下面的轮廓——引领了一场审美革命，在这场革命中，女性气质被重新想象、重新创造，进入了一个更加自由的时代。

也许，对香奈儿、薇欧奈和 20 世纪初的创新者的作品最直接的类比可以在拉夫 · 西蒙斯 2013 春夏男装系列中找到。在该系列中，生动的色彩和精确的服装结构传达了相当的现代感、清晰感和乐观主义。此外，还有一种柔软和褶皱的感觉——法国人称之为朦胧化：最明显的是由洛杉矶艺术家布莱恩 · 卡尔文（Brian Calvin）装饰的柔软的运动束腰外衣（图 5.9），其简单的管状结构和流畅的运动风让人想起 20 世纪 20 年代的服装——西蒙斯风格的衣服轮廓在 2014 年春季再次出现。

图 5.9 Vlamos, Y. (2012). Raf Simons Spring/Summer 2013. Paris.

图 5.10 Vlamos, Y. (2012). Raf Simons Spring/Summer 2013. Paris.

除了印有巨大的、五彩缤纷的抽象面孔的束腰外衣，以及刚好从裙摆下露出裤腿边的短裤外，西蒙斯还提供了一种优雅、简约的剪裁方式。黑色、灰色、彩虹色里的群青色和翡翠绿色夹克，有些带有夸张的尖头翻领，有些则是现代主义风格的开襟衫，不带翻领，他们穿着与上衣相配的布料的短裤，前襟被剪裁得大大的，在沿着 T 台坚定地行走的时候，模特们的大腿上部在闪闪发光（Blanks, 2012）。就像他之前的香奈儿一样，西蒙斯把运动感和精心打扮的元素融合在一起：时髦的短夹克和淡紫色、亮粉色、深红色的尼龙外套，配以高度抛光的全剪裁正装鞋。在所有这些清晰和精确的图案中，花卉图案的外套和衬衫（前者像是奇特精致的家居服）与无领夹克和几何图案的编织 T 恤一起出现（图 5.10）。鲜艳的色彩、运动感、悬垂式束腰外衣的活力、经济性的剪裁，以及模特们裸露的长腿，都传达出一种能量和解放感，让人想起香奈儿和薇欧奈近一个世纪前的设计。正如西蒙斯在 2013 年的演讲中所说，这些系列是关于形式和实验的，而不是“穿着制服的义务”，更重要的是“关于一个人必须有表达自己的自由”（Simons cited in Levy，2013：160）。从这个意义上说，西蒙斯不仅提出了一种新的美学，而且还颂扬了一种新的做人方式，不再受严格、规范的男性气质的束缚。

对新的男性气质的兴趣和他们对这种兴趣进行表达的证据也可以在最近的学术研究中找到（他们的作品与我之前提到过的奥森德里耶弗、郑俊熙和西蒙斯的时装系列大致同期出现）。埃里克·安德森（Anderson, 2009）、安·多特·克里斯滕森（Ann Dorte Christensen）和桑恩·库沃普·詹森（Sune Qvotrup Jensen，2014）、理查德·德·维瑟（Richard de Visser，2009）等社会学家都注意到当代欧洲（英国、丹麦、斯堪的纳维亚半岛国家）

和美国社会中男性气质的转型实践，这表明更具包容性的、更平等的男性气质正在显现，正统的男性气质正在失去他们的霸权。在安德森具有广泛性的定性研究的报告中，他发现一群年轻人越来越习惯于用“不再在意 [监管] 其他男人的女性化表现”来实践新的男性气质，这展现了他们对本质主义思想的“不敬”，甚至质疑了将事物按性别分类的适用性。

这四位学者以不同的方式强调了当代男性气质组织结构的重大变化——特别是与 20 世纪 80 年代初相比——瑞雯·康奈尔（Raewyn Connell）在与许多其他作家的合作中形成了她极具影响力的关于霸权男性气质的理论（Connell et al.， 1982；Carrigan et al.， 1985）。

安德森和克里斯滕森以及詹森最近的学术研究都是借鉴康奈尔——她对作为一系列动态结构和实践的一部分的男性气质的洞察，但在过去十年的研究中，他们发展了她的理论。[3] 康奈尔将具有霸权性质的男性气质置于一个等级性的性别结构中，在这种结构中，父权制是通过压迫妇女、压制被污名化的男性气质、排斥和贬低女性特征来维持的。她实际上暗示了在维护男性霸权和父权制方面日常性的性别文化“监管”——包括对英雄的、领导的、暴力的男性气质的理想化。另外，在呼应福柯的“话语结构”的同时，她强调了一个事实，即男性气质是多元的、有争议的，并对变化开放的（2005）。康奈尔在 1987 年的著作《性别与权力》（*Gender and Power*）中指出，男权从属关系（由像同性恋这样的不符合霸权主义理想的被污名化了的群体组成）的产生是父权制得以延续和正当化的基础。她说，尽管约翰·韦恩（John Wayne）或西尔维斯特·史泰龙等电影明星夸张、咄咄逼人的男子气概可能很难成为典型，但它代表了一种文化认可的、理想化的原型，人们也会将他们作为标准来评判其他男人。用康奈尔的话说，“女性的总体从属地位要求在男性中创造一种基于性别的等级制度”（1987：110）。因此，在康奈尔的图式中，男性气质可以被分为三类——霸权性的、同谋性的和从属性的。

然而，安德森、克里斯滕森和詹森却在某种程度上质疑这种男性气质的三重性的存在。引人注目的是，他们的定性研究不仅发现了多个反抗霸权性男性气质[4]的场所，还更深刻地揭示了，到21世纪末期，正统的父权制的男性气质变得如此不稳定（至少在某些情况下），它正在被一种包容性的、非父权制的男性气质所取代，尤其是在年轻人群体中。安德森说：

> 具有包容性男性气质的男性会参与传统上被归属到女性身上的工作，并支持传统上被定义为男性化的女性。

克里斯滕森和詹森发现，斯堪的纳维亚福利国家的两性平等制度正在成功地使那些拒绝促进父权制再生产的男性气质占据主导地位。这种“新男性气质”可以说支配了其他的男性气质。

与此同时，最近YouGov对1692名成年人进行的一项民意调查（Dahlgreen，2016）发现，年轻人和老年人对“男子气概”的评价方式以及他们将自己定义为“男子气概”的程度存在显著差异（这些术语留给受访者定义）。YouGov调查发现，在英国18～24岁的男性中，只有2%的人认为自己是“十足的男子汉”，而在65岁以上的男性中，这一比例为56%。调查发现，在18～24岁的年轻男性中，42%的人对男子气概持否定态度，只有39%的人认为男子气概是一种积极向上的特质！事实上，年轻女性对男子气概的看法比年轻男性更积极。

所有这些研究，尤其是安德森的人类学田野调查，都指向了当今性别结构中真实而重大的变化，这表明男性不再像以前那样一致或毫无疑问地内化正统男性的价值观。那些男人，尤其是年轻男人具有包罗万象的、混合的、反性别歧视的和都市美型男式的男性气质，这些男性气质作为话语结构能够建构或揭示对他们来说更真实、更逼真和更有意义的主体性。YouGov 民意调查和理查德 · 德 · 维瑟的研究都证明了人们对正统男性气质的深刻觉醒——正如他的一位受访者所宣称的那样："我真的不是一个很有男子气概的人……它并没有真正吸引我。坦白地说，这在我看来有点可笑。"（anon cited in de Visser，2009）

在这种背景下，男性时尚在穿衣方式、建构身体和身份的方式上提供了一套离经叛道的做法，让男性得以表达另类的、包容的男性气质，并抵制和拒绝传统男性气质的狭隘限制。这种新的放任感在马修 · 霍尔（Matthew Hall）的《都市性感男性气质》（*Metrosexual Masculinities*，2015）一书的描述中有所体现，其中"都市性感性"为男性提供了发展主体性的空间，这种主体性与正常的男性气质背道而驰，正如玛格丽特 · C. 欧文（Margaret C.Ervin）早期的研究（2011）一样，她认为，都市美型男式的实践对正统男性气质的"自然性"假定提出了挑战。

饭田由美子提出，当代日本出现了具有高度时尚意识的年轻男性，她说：

> 年轻男性对女性审美和策略的运用[……]为他们提供了一种手段，来反驳在日本社会文化霸权中，为了复制传统男性秩序而默默强

加的意识形态任务和文化期望。我的观点是，把一些人所描述的“男性气质的女性化”视为一种反霸权的做法，这种做法挑战了以男性为中心的霸权话语所坚持的传统男性价值和理想。

通过这种方式，时尚实践与不断扩大的男性特征密切相关。正如饭田由美子和霍尔所证明的那样，男人用时尚来表达性别身份的替代和包容的形式，而时尚的穿戴、设计和晋升常常起反驳、挑战或解构正统男性气质的作用。就像我所描述的，奥森德里耶弗和郑俊熙这样的实践者——以西蒙斯、斯理曼、卡帕萨和朗的既往工作为基础——以变动不安和去自然化的方式分离、问询并消解男性气质的原型。同时，亚力山卓·米开理、乔纳森·安德森、格蕾斯·威尔斯·邦纳、凯蒂·厄里（Katie Eary）、查尔斯·杰弗里（Charles Jeffrey）、密海姆·克希霍夫（Meadham kirchhoff）等设计师推出了一种具有挑衅性的酷儿化、女性化的男装美学，挑战了强势的、统治性的和无懈可击的价值观，这正是康奈尔所谓的霸权男性气质的特征。格蕾斯·威尔斯·邦纳的作品回应了流行文化中对黑人男性过度男性化的刻板印象，她说：

我看过很多黑人男人的照片，他们看起来很有攻击性，性征明显，或者看起来很“街头”。这不是我对男人的看法。这也不是我生活中遇到的男人的样子。（Wales Bonner 转引自 Madsen，2015）

当代男装中的雌雄同体

正如我所描述的那样，在千禧年之交，男装作为时尚从业者和消费者的创意表达场所是很开放的：这个过程的关键是设计师编码为雌雄同体、女性化或酷儿的挑逗美学（McLellan and Rizzo，2015），这些趋势可以在斯理曼、卡帕萨、西蒙斯和朗的简约华丽的设计中看到。在21世纪初，它体现在模特们紧致的轮廓和闪光的皮肤上。在21世纪中期，越来越丰富多彩和华丽的品牌系列展现了这一趋势，如Fendi、Dior Homme、Burberry Prorsum、Spastor和Dries Van Noten。在我们现在的十年里，对华丽风格的一些体认似乎已经消失了；然而，正如我所描述的，男装从业者一直在探索、超越和解构男性气质。事实上，近年来，T台上男装的双性化趋势越来越明显。

作为正统的性别体系基础的严格的二元结构，将规范的男性气质定义为是什么而又不是什么，并且，这种二元结构把不属于男性的品质都归到了女性那里。正如迈克尔·基梅尔（Michael Kimmel）所说，"男性身份是在对女性的弃绝中诞生的，而不是在对男性的直接肯定中诞生的"（2005：32）。在此种意义上，接受某种程度的双性化是实现男装时尚创新和活力的根本，因为20世纪古典男装之外的新款式往往被解读为双性化，即便它们强调男性的身体，即便它们与女装没多大关系。尽管如此，在当代男性时装中有意地、有时是挑衅性地采用风格明确的女性风格，它的魅力还归功于它们传达的危险信息，因为男人穿女人气衣服仍然容易受到暴力的伤害，而且对男性气质的监察依赖于女性气质的禁忌。虽然女装借鉴男装的元素已经变得司空见惯，但反过来的主张仍然带有大胆的、侵犯性的和色情的禁忌感。正如希莉·哈斯特维特（Siri Hustvedt）所言，"色情在边界处蓬勃发展……进入你需要特别许可才能进入的禁区会带来某种兴奋感"（2006：46）。

格蕾斯·威尔斯·邦纳作品的阈限性和混合性，不仅建立在对性别界限的有趣的越界上，也建立在对欧洲和非洲美学的交叉融合上，更广泛地说是对黑人风格的探索上。从她 2015 春夏的 *Afrique* 系列到 2016 秋冬的 *Spirituals* 系列，威尔斯·邦纳探索了一套独特的具有西非元素的符码，包括牛皮贝壳、头盖帽、华丽的面料，以及令人想起马利克·西迪贝（Malick Sidibé）和塞缪尔·福索（Samuel Fosso）的 20 世纪 70 年代高腰轮廓的服装。威尔士·邦纳的 Chanel 风格的夹克体现了一种奢华、缀满珠宝的新异域主义双性化风格——在最初的版本中由男装剪裁重塑而成的女装，在这里被重新挪用并融入男装：混杂的、绣有梭螺、由压碎的天鹅绒呈现（Chandler and Wales Bonner，2015）。威尔斯·邦纳在展览笔记中提到，她的灵感来源于哈莱姆文艺复兴时期诗人兰斯顿·休斯（Langston Hughes）和卡尔·范·维什顿（Carl Van Vechten）（Wales Bonner，2016）。在她的作品中，20 世纪 20 年代纽约的变动性、杂合性、模糊性和创造性在 20 世纪 60 年代和 70 年代的非洲独立后的马里、喀麦隆、科特迪瓦和加纳得到了回响（更普遍地说，是在 60 年代末和 70 年代的非洲中心政治意识时刻）。

在威尔斯·邦纳的 2015 秋冬系列 *Ebonics* 中，裸露的皮肤上闪烁着水晶项链的光芒，而没有穿衬衫遮掩的白背心和腰带则让人们注意到模特凹凸有致的身体——他赤裸的手臂上闪耀着红宝石，并带有彩虹般的蓝色条纹（Wales Bonner，2015）。身材苗条、肌肉发达、皮肤黝黑发亮的模特们高举着拳头，他们的手浸在亮晶晶的光芒中，摆出一种具有黑色力量感的敬礼姿势。威尔斯·邦纳对规范的男性气质的拒绝和颠覆让人的感觉更加强烈，因为黑人男性气质常常被夹在一套极端大男子主义的、极端男性化的种族主义表述中，这些表述否定了黑人男性的完整人格[5]（hooks，2004b：45 - 47，63 - 79；Fanon，[1952]1967：196-202），或者在身份同一性中隐匿了自身。

威尔士 · 邦纳设计的名为 *Ezekiel* 的 2017 春夏时装系列建立在她之前的系列中探索出的美学准则之上，这些美学准则包括花枝招展、散漫和双性化，但这一次她借鉴了埃塞俄比亚帝国的服饰，传达出强烈的精致和优雅感。黑色晚礼服剪裁夹克；高领衬衫，有些带有白色领结；自然色刺绣装饰的白色披风（图 5.11、图 5.12）；以及长褶裙搭配白色加长定制束腰外衣（图 5.13）。接着，一件奢华的白色套装以高腰裤为特色，短至脚踝，如同斗牛士的服装一样，腿上绣着复杂的棕榈树图案；与之相伴的是一件短立领夹克，装饰的绳带如同树叶一样缠绕在袖子上，结出肥美的珍珠花环作为果实（图 5.14）。这是一个集合, 包含了在威尔斯 · 邦纳的雌雄同体的异国情调中所表达的丰满、性感和多产，即她对黑人男性气质从种族主义和父权规范中解放出来的愿景。

正如我所指出的那样，中性化和女性化风格的男装往往带有一种情色意味，并与同性恋性行为联系在一起。这种情色意味，一方面，正如哈斯特维特所论述的那样，部分地在于性别规范的越轨；另一方面，它也和对女性气质的性欲化和客体化 [由劳拉 · 穆尔维（Mulvey，1985）和玛莎 · 努斯鲍姆（Nussbaum，1995）所提出] 有关。正如我所描述的，穆尔维关于男性凝视的概念是建立在男性主体从他凝视的女性“客体”中所获得的快感的基础上的——这种单向的凝视过程中隐含着所有关于权力和控制的暗指。穆尔维的概念显然有局限性，因为它忽略了文本（图像、电影）的对立观看方式，并假定了一个异性恋主体。尽管如此，她

图 5.11 Getty Images (2016). Grace Wales Bonner Ezekiel Spring/Summer 2017. London.

图 5.12 Getty Images (2016). Grace Wales Bonner Ezekiel Spring/Summer 2017. London.

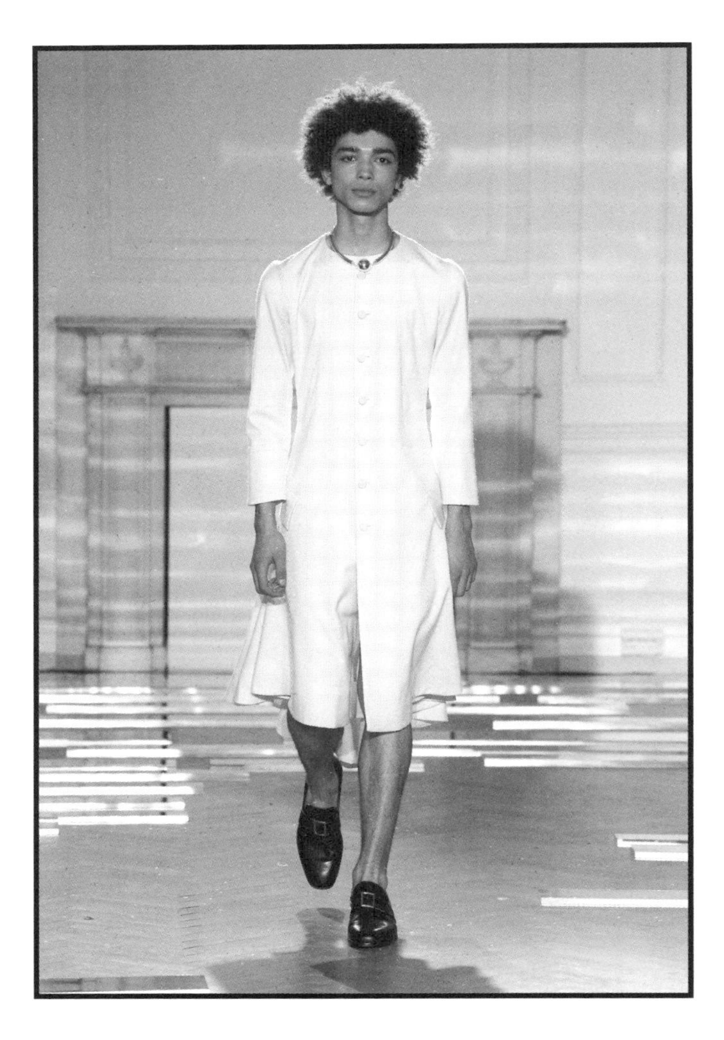

图 5.13 Getty Images (2016). Grace Wales Bonner Ezekiel Spring/Summer 2017. London.

图 5.14 Getty Images (2016b). Grace Wales Bonner Ezekiel Spring/Summer 2017. London.

的观察仍然有一个深刻的道理，那就是看和被看是一种高度性别化的活动，深深地牵涉到权力、知识和快感的网络中。托马斯·沃夫（Thomas Waugh）提出，19世纪发展起来的同性恋凝视的对象往往是“ephebe”，即“雌雄同体”的青少年——一个很容易被现有的性别化的外表和权力体系所吸收的人物，因此，尽管它具有禁忌性质，但这一同性恋的凝视在结构上与异性恋男性的眼神没有那么大的区别。今天看来，男性双性化或女性化也吸引了人们的目光，这既是因为被视为女性化的衣服往往是性感化的——暴露或紧贴身体，具有柔软性和褶裥，也是因为在穆尔维的独特措辞中，女性化被编码为“被看性”。双性化的男装使性别化的行为变得不稳定，使人不清楚谁在看谁，看什么，但它并不一定能逃脱权力经济的束缚，而“凝视”理论家们已经注意到了这一点。

从这个意义上说，正如詹姆斯·斯莫尔斯（Smalls, 2013）和格蕾斯·威尔斯·邦纳所提出的那样，似乎双性化的男装所吸引的情色意味的注视可以是解放和进步的，它可以破坏现有的性别支配系统，并提供新的身份识别点。但与此同时，凝视由于其物化本质，如果我们不小心的话，也会成为一种征服、羞辱和剥夺自主权的方式。

由于近几年对威尔斯·邦纳的效仿——但也许没有她作品中的那种智识驱力——乔纳森·安德森一直在他的设计中卖弄他所说的“性别模糊”。安德森的男装系列于2008年首次亮相，其特点是各种华丽的珠宝、长绗缝裙、半透明开襟针织衫、透明雪纺短裤、云母般闪亮的衣服表面，以及由多色皮革格子制成的透明背心。从2008年到2011年，贯穿他美学的透明元素，以及他对女装的自由借鉴，都表现出一种奇怪的、性感的柔弱。安德森2013春夏男装系列巩固了他的“坏孩子”和“挑事者”

的名声：透明硬纱和塔夫绸套装搭配家常头巾，带超大褶边的短裤，巴斯克衫和管状上衣，带有波纹装饰边的惠灵顿长靴，以及白色橡胶手套。这种将夸张的女性细节与乳胶配饰结合在一起的美学让人感到不安，让人联想到家庭生活和恋物癖。尽管安德森无疑是一位聪明、深思熟虑的设计师，他成功地利用了时代精神——最终被任命为西班牙奢侈品品牌 Loewe 的总监——但他探索女性化男装的动机仍然是成问题的。斯理曼、西蒙斯和威尔斯·邦纳对双性化的接受显然与改革和扩展男性气质的渴望有关，但安德森与他们不同，他的采访有时似乎暗含了一种玩世不恭的态度。威尔斯·邦纳和斯理曼[6]设计的服装都带有强烈的平权诉求——威尔斯·邦纳提到了黑人艺术家和知识分子，斯理曼表达了对摇滚乐手的钦佩。而安德森的设计，特别是他自己的品牌，看起来让人羞耻，是一个以牺牲模特为代价的笑话，是一种权力和控制力的表达。

● 全世界的工人联合起来

据我们所知，斯理曼的美学与反叛和摇滚有着密切的联系，这一点在 Dior Homme 时期就开始了，从 2012 年到 2016 年，又在 Saint Laurent 得以继续发展。今天，它仍然保持着一定的影响力：在 2016 年 6 月的伦敦的免费日报 *Metro* 的一篇文章中，模特兼音乐人道基·波伊特（Dougie Poynter）穿着一件 Saint Laurent 的金银色皮革机车夹克，黑色网眼上衣，撕破的紧身牛仔裤，佩戴着各式各样的吊坠和戒指，脚穿一双 Saint Laurent 的厚跟切尔西靴，他说："艾迪·斯理曼就像第二个找到我的人。"（Poynter，2016，in Harmsworth，2016：22）但值得注意的是，虽然半透明面料、银色和金色皮革以及修身轮廓传达出的性感和魅力依然流行，至少在能进入公众视野的某些年轻人中[7]——从时尚杂志到大众媒体，从独立音乐人到更为主流的名人——不过这种装扮已经失去了一些前卫的惊喜感。斯理曼的愿景——精致的褶皱面料、缩小的剪裁、摇滚和朋克的影响，以及中性风格的触感——成为 21 世纪初男性时尚的主导。但随着男装的不断扩张和多样化，20 世纪第二个十年见证了其中一些趋势的演变，特别是在轮廓层面，已经与之前不同了。

时尚总是随着潮流和反潮流而变化，因此，在 20 世纪后期越来越浮华的潮流中——宝石色、紧身裤、缎面翻领、牛仔领口和漆皮皮鞋——一种更为安静的审美正在形成。到 2010 年，一些时尚品牌，如 Our Legacy、Albam、YMC、Bleu de Paname 和 Engineered Garments 等，都在探索一种注重传统制作的外观设计，并详细说明哪些大量受到工作服、嬉皮士服装、民间服装启发，特别是在针织设计方面。虽然这种风格与特定的设计师和品牌有关，但它的起源在于创意人士在街上穿着的时尚服装，他们将二手、定制和回收的服装，以及精心采购的当代单品混合在一起，以形成自己想要的外观。

在男装中，这种面向工装美学的转变——所有的查布、斜纹布、布卢德劳维尔（Bleu de Travail）、贴袋、双针、起皱接缝——显示出一种参与制造和制作过程的有趣愿望。2007 年创办的 *Monocle* 和 2009 年创办的 *Inventory* 等杂志（后者是这一风格的重要早期实践者和创新者）花了大量时间向读者解释服装和配饰是如何制作的，同时也讨论了它们的视觉特性。他们的摄影师很用心地捕捉到了工作间的画面：长满老茧的手抓着用以剪裁的羊皮，或者在鞋楦、工业机器、轨道砂光机和混凝土地板上锤打皮革鞋面。这些服装是有纹理的（甚至粗糙的），不同于光滑的、有光泽的、宽松的织物的外观；从某种意义上说，消费者希望看到织物是如何编织或针织的，服装是如何制造和由谁制造的。可能重要的一点是，随着 2008 年金融危机及其后续影响导致全球经济体系的不确定性凸显出来，这种对某种永恒、真实、坚实的东西的渴望出现了。

2013 秋冬系列的一张照片（图 5.15）代表了上述的外观。它描绘了一个高大的、有胡子的（不太像模特的）模特，背景是一个铺着柏油碎石的前院；他穿着一件灰色精缩羊毛质料的、有三颗纽扣的 rever 夹克，由带有大补丁口袋的工装设计而成，肩部有加强的缝纫细节，以及顶部缝制的袖口和翻领。这件夹克下面是一件工装棉质斜纹夹克，还有一件没有掖起来的、下摆处有一个开口的白衬衫；模特穿的牛仔裤裤腿向上翻起，毫无疑问，外缝带有镶边；并穿有厚底的、贴边和手工剪裁的褐色德比鞋。这是一套既能有力地勾连着过去，又能清晰地反映 20 世纪第二个十年的服装，它唤起了人们对品质、简洁和明辨的追求。

这种风格能让人联想起 20 世纪早期的工农业工人形象，对于消费者来说，其优势在于，它能让他们参与时尚，让他们看起来有点与众不同，同时采用一种柔和的、在很多方面都是传统男性化的美学。但这种风格（以及迎合这种风格的品牌）所隐含的对结构、出处和真实性的关注，也表明了在 21 世纪最初十年和第二个十年初出现的对工艺和制造的更广泛的兴趣。2011 年，维多利亚和阿尔伯特博物馆举办了一场名为“制造的力量”（“The Power of Making”）的展览，旨在将工艺、技能和设计置于经济、教育和创造性话语的中心，用设计历史学家玛蒂娜·马盖茨（Martina Margetts）的话来说：

图 5.15 Kassam, F. (2013). “Fall/Winter Look Book,” *Inventory.*

> 这种制造揭示了人类探索、表达知识和一系列情感的冲动；这种冲动是朝向认识和感受的 [……] 制造可以让人们有机会在世界上体验个人的自由感和控制感。

这次展览为工匠、设计师和学者（Adamson，2007；Schwarz and Elffers，2010；Frayling，2011；Gauntlett，2011；Harrod，2015）的更广泛的工作、研究提供了一个焦点，他们认为，重新将制造作为一种有意义的活动，对于应对可持续发展的挑战和应对全球化的后福特主义的制造、消费和分销系统所带来的深刻的疏离感至关重要。

尽管与这一时刻相关的男装外形可能正在逐渐衰退，但现在更频繁地与运动装和大肆宣传的“运动休闲”服装相结合的男装，其持续的流行无疑与这一更广泛的文化趋势密切相关——“最大材料”的理念，以及一个人应该以更谨慎、更认真和更节俭的方式对待消费的理念。这种对设计的全新展望（在对工作服的参照中表现得最为明显），也影响了各种高端设计师的作品，比如卢卡斯·奥森德里耶弗、乔纳森·安德森，以及后来的 Vetements 品牌，尽管它们不是那么怀旧，也不缺乏设计想象力。

21 世纪最初十年末和第二个十年初，围绕潮人的讨论倾向于将这种男装种类与士绅化联系起来，从而让它蒙上污名。我认为，这种联系不仅混淆了因果关系，而且流露出一套相当性别歧视的假设。尽管人们很容易批评这种对手工艺品的消费，认为它是商业力量对“真实”事物的征用——或者指出这是伪无产阶级服装的无意识反语——但在新闻界和大众话语中，对时髦人士和“木匠美型男”的嘲讽讨论往往掩盖了这种男装美学积极、进步的一面：对材料的真实，对制作的强调，以及工作应该是有意义的活动的观念。

● 休闲风

除了雌雄同体和对工艺、制造的新兴趣之外，20 世纪第二个十年还出现了各种形式的运动装风格，并且，90 年代的复古元素越来越多地在设计师男装中找到了自己的位置。这种面向运动装的转变，代表着这一时期的男装与 21 世纪最初十年盛装打扮的潮人主义明显不同（尽管前十年非常苗条的裤装轮廓一直被重新诠释为紧身裤和慢跑裤）。

在世纪之交，20 世纪 90 年代那些响亮的品牌运动装——其无定形的形状以及曾经与亚文化、街头服饰联系在一起的浮夸的商标——已经变得仅仅意味着一种笨拙而有点粗俗的商业主义。这一造型被大量的紧身剪裁和摇滚元素所取代。事实上，21 世纪初的审美趋势有一个统一的主题，从怀旧潮人主义到紧身服装，再到对朋克和华丽摇滚的引用，这使他们与任何类似于 20 世纪 90 年代中期休闲服的东西相背离。尽管在时装秀上和时尚杂志的版面之间，人们越来越少看到名声大噪的品牌和花哨的色彩运用，但运动服装公司正在进行改革：将自己重新定位为与文化性的生活方式相关联的品牌，生产技术先进的高性能服装。成立于 20 世纪 90 年代末的 Prada Sport 将运动服装重新塑造成时髦的、流线型的和单色的外观。这些运动服装公司也开始与知名设计师合作，比如山本耀司与 Adidas 的合资企业，在 2002 年推出了 Y-3 系列。从那以后，运动服装品牌和时尚设计师之间的合作开始激增：拉夫 · 西蒙斯与 Adidas 和 Eastpak 的合作，金 · 琼斯（Kim Jones）与 Umbro 的合作，里卡多 · 堤西与 Public School 以及 Nike 的合作，蒂姆 · 科本斯（Tim Coppens）与 Under Armour 的合作，瑞克·欧文斯（Rick Owens）与 Adidas 的合作，等等。

或许正是由于这些转变，运动装作为一种指向现代、进步等理念和更灵活、舒适的着装方式的路径，越来越多地被重新纳入包括设计师系列在内的当代男装中（WGSN, 2016a）。我们可以将尼奥·贝奈特和王大仁（Alexander Wang）等实践者视为混合衣柜的创新者，他们将高技术的服装和剪裁与休闲服装元素更为自由地结合在一起，也可以里卡多·堤西等设计师视为这方面的创新者，他在 2012 春夏男装系列中，以其方形轮廓、棒球帽、网眼面料以及健壮的模特重新打造了 20 世纪 90 年代末的运动和街头风造型，同时使用了超大植物印花、裙子和亮片，使之变得现代。2014 年，堤西更进一步，将拼贴机械元素的数码印花（尤其是盒式磁带和便携式音响）与马赛的配色、短裤下的紧身裤和极具图案感的定制夹克相结合：所有这些，加上模特的脸上画着的颇具风格的飞机形状的彩绘，似乎让人想到了一个未来的部落社会，或者一个游手好闲的溜冰团伙。这种样式极具异国情调，同时也是温和宜人的（Faudi，2013）。

除了对时装秀上运动装重新燃起兴趣之外，我们还可以期待运动鞋文化和街头风尚的更为有机的复苏，这反映在 2005 年创建的一个非常受欢迎和有影响力的网站 Hypebeast 上。该网站亲切地详细介绍了最新发布的运动鞋和街头服装的来龙去脉，同时对嘻哈和滑板文化进行评论。通过这种方式，Hypebeast 既坚定地将运动装放置于理想的高端消费品范畴，又同时将运动装放置在亚文化和真实性的修辞之中（这种修辞承认了嘻哈和其他亚文化在运动装和运动鞋的发展、传播和流行中的重要性）。这种双重功能在网站文章下面的用户评论中表现得尤为强烈，其中对服装的优点、缺点和真伪的说法都进行了激烈的争论。这种围绕运动服的话语的放大，既促成了新的运动服导向的设计师品牌的出现，也促进了诸如 Stone Island 和 Supreme 等小众品牌的扩张（Leach，2016）。

有人可能会说，运动装融入主流时尚并不是什么新鲜事。这个过程可以追溯到 Adidas 篮球鞋在 20 世纪 70 年代末和 80 年代对纽约嘻哈和原嘻哈亚文化的应用（Shabazz，2002；Turner，2014）；80 年代，英国“足球闲人”（football casuals）对于 Sergio Tacchini 等昂贵的欧洲运动服的钟爱；20 世纪五六十年代美国牛仔裤、帆布篮球鞋和运动服的普及，甚至 20 世纪二三十年代针织衫、运动衫和运动服装的流行。然而，新鲜的地方在于，那些不同的市场和消费者群体之间相互联系的程度，以及运动服装与其他服装结合的自由度发生了变化。这种将运动服装及其技术融入时尚的做法，表明了当代社会和经济的转变，工作和休闲之间的界限变得更加模糊和分散。设计师热衷于对运动服装的挖掘，因为它代表了材料、面料和制造工艺方面的研究巅峰：运动服装品牌拥有基础设施和资源，可以制造纤维、纺纱和针织服装，这些服装具有新的和意想不到的可能性，而他们先进的服装结构方法——破洞、拼接、绑带和平缝提供了新的形式可能性。同样，运动服装公司也不再是单纯的生产和产品设计实体，现在更多地关注美学层面的问题以及消费者的生活方式和愿望。

同时，总体而言，时尚已经从 21 世纪主导时尚的潮人主义转向更休闲的、层次感更强的美学，包括紧身运动裤、运动衫、连帽衫、拉链运动衫、运动鞋等运动服装的元素，尽管有时会搭配量身定制的单品。这一转变的一部分是与怀旧（以及目前获得成功的年轻从业者的人员组成）有关的，因为像戈沙 · 鲁布钦斯基（Gosha Rubchinskiy）和纳西尔 · 马扎尔（Nasir Mazhar）这样的设计师有意借鉴了一些夸张品牌的冗杂设计，导致了 20 世纪 90 年代运动服装元素进入当下时尚之中。鲁布钦斯基设计的带有几何图案的西装；高腰运动裤；光滑柔软的短裤和背心；绿松石色、灰绿色和红色的色彩设计；被打上商标的运动服装，以及他对消瘦的青少年模特的使用——道出了苏联时代的动荡，以及 20 世纪 90 年代苏联解体时随着西方时尚的涌入而出现的困惑、绝望和创造力。

在马扎尔的 2014 春夏系列中，品牌标志出现在运动服的粉色厚绒毛巾布上、拳击短裤的腰带上（比模特的低腰裤高出几英寸）以及棒球帽和袜子上（Mazhar，2013）。这些签名元素与露出模特腹部的短衬衫、闪光的三维材料、出现在模特裸露的皮肤上的肩带和背带结合在一起。马扎尔极力称赞 20 世纪 90 年代的运动装，并陶醉于自己的炫耀，在对“好品位”的否定中制造出一种超然的欢乐。而在他种族和形态多样的模特造型中，也有一种包容性与马扎尔对亚文化和低级趣味的音乐的兴趣有关——这是一种反抗时尚行业传统之束缚的姿态（Healy，2016）。

由谢恩 · 奥利弗（Shayne Oliver）设计的纽约前卫品牌 Hood by Air 创造了比马扎尔更为邪魅的氛围，它以一种时而怪诞、时而意想不到的方式即兴模仿运动装：不对称的解构性服装、拖着的袖子、笨拙的比例，以及对于恋物癖式服装元素的借鉴，包括 PVC、皮革制品、皮套裤。与奥利弗的作品类似，德姆娜 · 格瓦萨利亚（Demna Gvasalia）设计的 Vetements 系列以人们熟悉的连帽衫和印有商标的 T 恤为基础，将之比例放大，与修补和改造的服装结合起来，以达到陌生化的效果。通过这种方式，设计师鲁布钦斯基、马扎尔、奥利弗和格瓦萨利亚恢复了当代运动装的一些前卫风格，这种风格最初是伴随着亚文化的进入而出现的。嘻哈文化和足球休闲青年文化挪用了运动员穿的服装，以及那些象征主流价值观的高端品牌的商品。但是，当这些服装被穿在那些种族和阶级处在霸权性的“理想”身份之外的人身上，并以新颖的方式设计组合时，它们的含义发生了变化：仍然是某种抱负的象征，但也具有反叛、抵抗和（特别是在休闲人群中）暴力的含义。

● 解构剪裁

比起前卫设计师对运动服装的锐利的和危险性的元素的再次关注，也许一个更为重要的趋势是以前不同的服装类型和种类之间更为普遍的细分。*Vogue* 杂志的卢克·利奇（Luke Leitch）在 2016 年的一篇文章中描述了传统“城市西装”的重要性正在减弱，因为越来越少的男性被强制在工作场所穿这类服装。利奇采访了多位设计师，他们强调，在这些变化给男装行业带来的风险中，也存在着重大的机遇，因为设计公司可以自由地对男装做出更富有想象力的回应。Canali 公司的斯特凡诺·卡纳利（Stefano Canali）认为，“制服市场”（顾客因为必须购买西装而购买西装）正在衰退，但其他市场正在开放。这一观点得到了斯特凡诺·嘉班纳（ Stefano Gabbana ）的回应，他说：“我们销售的是非常优雅、有趣和个性化的男士礼服和运动装。至于普通的西装，人们并不想要。”另外，布鲁奈罗·库奇内利（Brunello Cucinelli）提供了一个“慢跑者风格”松紧带裤来搭配他的定制夹克，而保罗·史密斯（Paul Smith）的轻薄西装则搭配同一种布料的裤子，虽然颜色千差万别，但是这种方式也获得了成功，史密斯说，“我们的西装销量实际上已经上升”（Canali，Gabbana，Cucinelli，and Smith，2016，转引自 Leitch，2016）。

在 2017 春夏两季，Lanvin、Prada、Hérmes 等品牌推出了与针织衫、T 恤、运动鞋和派克大衣搭配的西装，或者搭配背包和尼龙背带。主打运动风“生活方式”的品牌 Tommy Hilfiger 推出了轻便运动夹克和印花长裤、夹克衫和短上衣，以及外缝上色彩生动的燕尾服条纹的定制长裤。在市场上较廉价的品牌中，Topman Design 也有分层结构的运动上衣，搭配着西装和运动鞋。

在同一季，E.Tautz，这一“准备采取萨维尔街美学风格的时尚品牌”果断地摆脱了这种之前具有标志性的怀旧的衣服外观（etautz.com, 2017）。20 世纪 30 年代式的学院风双排扣夹克、带有纽扣的领子和领结是它早期系列的特色，如今已被有着大胆抽象条纹的无领衬衫、延伸到大腿中间的深褶高腰短裤、超大号机织 T 恤和 T-bar 凉鞋所取代（图 5.16、图 5.17）。定制的夹克和裤子仍然是该系列的一部分，但设计和组合这些服装的方式已经发生了根本性的变化。

为了应对这些变化，意大利老牌裁缝店 Brioni、Canali 和 Corneliani 的传统西装也开始转变，在过去的几个赛季里，他们在 T 台上推出了更多休闲、装饰和运动装风格的服装系列：鼓动的风衣、相配的裤子和 T 恤衫，凉鞋和运动鞋混搭在更正式的服装中，让人想起卢卡斯 · 奥森德里耶弗几年前为 Lanvin 设计的系列服装。但在 2017 年春季，在销量下滑的压力下，Brioni（“短命的”）新创意总监贾斯汀 · 奥谢尝试了不同的策略。结果是汤姆 · 福特设计的 Gucci 男装被加入了皮毛和鳄鱼皮，变成了一个奇怪的、粗俗的版本，失去了支撑福特自信风格的剪裁特性。这是一个如此粗俗的系列，甚至连奥谢声称最有吸引力的“匪徒”元素都没能给人留下深刻印象（O' Shea, 2016，转引自 Sajonas, 2016），在针对持续性的惨淡状况提出了 400 个裁员后，奥谢也被驱逐（Abraham, 2016；Turra, 2016）。

图 5.16 Getty Images (2016). E.Tautz Spring/Summer 2017. London.

图 5.17 Getty Images (2016). E. Tautz Spring/Summer 2017. London.

然而，如果认为这种普通西装已经日薄西山，那就大错特错了。2017 年春夏，预测机构 WGSN 的一份同样乐观的趋势报告反映了 Paul Smith 和 Dolce & Gabbana 各类样式的强劲销售额，报告指出，“传统剪裁和现代服装仍然是男装的增长领域。新鲜的造型理念和熟悉的剪裁带来的大众吸引力是同等的”（WGSN，2016B：2）。在随附的照片中，浅灰色、焦糖色、鲜蓝色的单纽扣套装，以及黑色和灰白色的披肩领燕尾服，都与运动鞋搭配，给人一种非正式氛围。西装以浅粉色的形态出现，和开领图案衬衫或 T 恤搭配，这些西装也可以是褶皱亚麻布料做就的或奶油色、灰色和深紫色双排扣样式的。尽管报告中也有一些颜色不那么鲜艳的西装是非常传统的，但它们的造型给人一种更自由、更现代的感觉，正如 WGSN 所说，这表明它们“摆脱了传统的剪裁规则”（2016b：11）。

有着时尚意识的男士似乎很乐意购买西装，不过，他们希望西装是有趣、灵活的，且不受“绝不在城里穿棕色衣服”之类的神秘礼仪的影响。套用设计师汤姆·布朗（Thom Browne）的话来说，今天的剪裁必须是男士们真正想穿的东西，而不是他们觉得必须穿的东西（Browne，2016，转引自 Leitch，2016）。这样，当代男装市场正处于重新整合裁缝、休闲服和运动服的过程中，这一过程为男性提供了更多的选择，代表着对男装的一些设想的转变，这些设想在整个 20 世纪的大部分时间里占据主导地位。在这个过程中，除了创新和新奇的表现之外，也有对过去的回应。在 18 世纪和 19 世纪初——一个社会和服装变迁的时期，诞生了我们所知的男装裁缝业[8]——时尚男装广泛借鉴了军装和马服，而像裤子这样的衣服，在 1800 年只适合休闲场景，后来也逐渐被接受为较正式的着装（Rothstein et al.，1984：58-64；Breward，2016：40-44）。

● 新禁欲主义

在经历了一段时期之后，男人的衣服越来越紧贴身体，以紧紧包裹的姿态抓住身体，在这个新的十年之初，服装开始释放它们的紧致度，一种新的宽松和敞亮的精神开始慢慢出现。

大约从 2010 年开始，在卢卡斯·奥森德里耶弗和达米尔·多玛的作品中已经可以看到衣服轮廓的转变，因为流畅的悬垂布开始包裹他们年轻模特的棱角分明的外形。但是，从 2012 年左右开始，设计师男装中出现了一个决定性的新轮廓；与斯理曼主宰 21 世纪最初十年的“细长笔直的线条”形成鲜明对比的是，服装采用了如波浪一般的修道服的形式：衣服的轮廓从肩膀开始，以僵硬的褶皱落下；软垫填充的、抽象的形状，就像歌舞伎剧场里的演出服装；美式足球中的球衣；以及深奥的宗教仪式中的道服。在一些设计师，如克雷格·格林（Craig Green）、郑俊熙、尼克迈德·特拉维尔（Nicomede Talavera）、罗伊·帕内尔·穆尼（Rory Parnell Mooney）和李东兴的作品中，有一个决定性的转变，从熟悉的男装剪裁（甚至来自清晰可辨的运动服装的剪裁）转向引用希腊东正教头饰、武术制服、韩国韩服和南亚纱丽克米兹（Salwar Kameez），代表着对西方男装经典形式的“重新定位”。

格林为中央圣马丁（毕业秀时）设计的 2012 秋冬季的 MA graduate 系列就是这种新的美学倾向的典范，其特点是具有巨大的几何体积，像小贩的背包一样从背后垂下来，创造出一个戏剧性轮廓（Kuryshchuk, 2012）。这些几何形状和与它们配对的简单的束腰外衣式的服装都具有最初通过将光投射到原型服装上而开发的数字印花。像格林一样，李东兴的褶皱、解构的形式是由这一过程决定的：

> 将二维的构建方式运用到三维物体中［这样一个想法］：我感到如此痴迷［……］在这个系列中，我对所有不同种类的牛仔材料，以及如何从靛蓝中提取不同的颜色进行探索。（Antonioli.eu，2015）

和郑俊熙一样，李东兴采用了一种相似的方法，也就是将自己的设计从清晰可辨的男装形式中抽象出来，比如对于衬衫的改造——增大了衣领，打开了侧缝，用衬布加固了面料，并使用延伸并缝合的接缝和打上补丁的口袋来创造格子状的纹理效果。

这些年轻设计师的作品让人回想起20世纪70年代末和80年代初“日本入侵”的激进主义——川久保玲（Rei Kawakubo）、渡边淳弥（Junya Watanabe）、三宅一生、山本耀司，也包括安特卫普六君子（Antwerp Six），这些群体都为法国—意大利时尚霸权[9]带来了亟需的陌生感，同时他们的出现标志着当今男装作为一门学科已经走了很远，一些最具创新精神的设计师主要是男装从业者。格林、郑俊熙、李东兴是那些典型的“设计师中的设计师”拉夫·西蒙斯、赫尔穆特·朗和马丁·马吉拉（Martin Margiela）的继承人：他们的作品的特点是对形式和过程的兴趣多于对成品的兴趣，他们的服装系列经常需要人们了解服装结构——特别是这种结构如何被解构或颠覆——以便被阅读和理解。在图5.1中，格林对赫尔穆特·朗20世纪90年代作品的致敬意图是特别明确的。

如果说斯理曼性感、华丽的男装愿景是新千年乐观主义的精髓，李东兴、郑俊熙、格林的美学主张似乎涉及一系列更加矛盾和陌生的千禧年的图景——在金融危机、中东解体、欧美外交政策屡屡失败，以及人们遭遇生活水平的下降之后，与虚无主义进行对话，虚无主义是时尚传统魅力的另一面。虽然摇滚花花公子作为时尚系列中一个公认的原型而继续存在，但他不再是那样新鲜和充满意义的。相反，一种创造性的破坏——将男装解构，然后把它重新组合起来——已成为当今的潮流（图5.18）。

这些身体层面的创造性形式实验令人耳目一新，令人着迷，但与斯理曼的作品是不同的（斯理曼的作品相对容易被高街品牌用廉价面料“重新诠释”），而郑俊熙、李东兴和格林的作品会在多大程度上影响主流男装，这一点仍值得商榷。为了向这种新的轮廓看齐，在室内穿戴的轻质棉布制成的长袍状外套，以及类似无袖长袍的上衣和 T 恤衫——在时尚行家中已经形成一种清晰可辨的趋势（而且在你附近的 Zara 也已经可以买到超大尺寸的大衣和羊毛衫），但我们仍在等待这种新美学的推广者，希望他可以将之转化为一种更普遍适用的形式。

这种新的抽象轮廓的出现（就像 20 世纪 70 年代末和 80 年代的女装），或许部分原因在于时尚的日益国际化。像李东兴、郑俊熙、孙小峰这样的设计师，有时含蓄地、有时更明确地，借鉴非西方的服装样式和方法来剪裁和构建自己的服装，从而创造出他们独特的美学。

即使在不同的文化和地区中穿着相似的衣服，这些衣服的确切含义，它们的穿着方式，以及它们在特定文化中的历史，都是高度具体而微妙的：时尚的语言在跨越国界时会受到微妙的词汇变化的影响。随着越来越多的从业者来自欧洲和北美以外的地区，对男装的主导“常识”的理解，赋予特定服装和风格的意义，以及用于制造它们的技术方法，无疑将继续演变、转变，并成为混杂化、混合化力量的主体。

图 5.18 Pruchnie, B. (2016). Craig Green Spring/Summer 2017. London.

Mai Gidah 的设计师阿里·阿卜杜勒拉辛（我在导论中提到过他美丽而错综复杂的嵌板设计）就是这种时尚国际化的象征（图 5.19）。他的作品带有加纳和比利时的痕迹，正如他在我对他进行的一次采访中所描述的那样：

> 我是加纳人，但我也是比利时人，我住在伦敦。所有这一切都在我的工作中交织在一起，而这些文化影响在我没有意识到的情况下就出现了。抽象的建筑轮廓肯定与我在圣尼克劳斯接受的训练有关，但我认为它也与加纳人的着装方式有关。例如，即使在炎热的天气里，我的母亲也绝不会穿少于三层的布料——而将不同的面料分层并混合是我工作的关键。在我的部落里，在我的家庭中，人们穿着的衣服真是很有型的。这些衣服的材质是僵硬的、蜡质的非洲面料，如同蜡头包裹的凝胶。
>
> 不过，我在 2016/2017 秋冬季推出的最后一个系列最初的灵感来自佛兰芒原始绘画流派（Flemish Primitives），特别是凡·艾克（Van Eyck）的作品。他的很多画还在比利时，最近我和托马斯 [阿里的合作者] 去看过。我喜欢那个时代的艺术，所以这个系列的丰富色彩是从凡·艾克的调色板中提取出来的。

● 新时尚的震撼

过去 20 年的男装极具创造性和表现力的性质呼应了早期的激进主义和男装变革——尤其是 20 世纪六七十年代的青年风格，以及 80 年代与亚文化相关的前卫美学：这些此前充满创意和活力的男装是今天令人

图 5.19 Abdulrahim, A. and Sels, T. (2015). Mai Gidah Spring/Summer 2016. London.

兴奋的场面的先驱。和这些早期的服装一样，现今男性着装的变化与社会性的变化是同时发生的，这些变化既预示着对待男性气质的态度的演变，也反映了这种态度的演变。然而，如果认为目前这种创造力的绽放只是短暂的插曲，在此之后，男装将不可避免地回归到永久不变的形式（如果确实存在这样的形式的话），那就大错特错了。在过去的几十年里，西方男性气质的实践已经发生了根本性的变化，对于“经典男装”[10]中隐含的那种正统、规范的标准来说，这种转变是毋庸置疑的。

男装存在于男性信念、价值观和愿望对话中，更普遍地参与和促成社会中围绕性别和身份所建构的话语中。*L'Uomo Vogue* 杂志 1971 年出版的“Nuovi Papa”（新爸爸）特刊中，年轻父亲与子女合影留念，并描述了他们的育儿方式，这是一个有趣的例子，展现了“新男人”出现之前的一段时间里，时尚、生活方式以及人们对男性气质的态度已经发生了转变（在这一时期，“新男人”的许多基本特征也开始成形）。在当时，带女儿去托儿所的父亲显然被视为一种新奇生物（Toscani，1971：102-104），然而，他们无疑是新型父亲角色的先驱。近年来，正如科妮莉亚·本克（Cornelia Behnke）和迈克尔·默兹（Michael Meuser，2012：129-145）等社会学家的研究所表明的那样，参与其中的父亲角色（包括作为主要照顾者的父亲角色）已经变得更加常见。[11]正如本章前面所提及的那样，埃里克·安德森（2009）和其他人的研究，指出了一个非常真实的对于正统的男性气质模式的不满，并渴望摆脱其局限和限制，特别是年轻男子。安德森在《包容的男性气质》（*Inclusive Masculinities*）中探索的一系列态度转变，可能并不完全类似于围绕着参与式的父亲身份不断增长的文字中所描述的那些特质，但两者都指向 21 世纪变得更加多元和多样化的男性气质。

正如作家梅希蒂尔德·厄克斯勒（Mechtild Oechsle）、乌尔苏拉·穆勒（Ursula Müller）和萨宾纳·赫斯（Sabine Hess）所言，“性别关系和形象的变化局限于妇女生活现代化的那个时期，正在接近尾声”（2012：10）。在公共、家庭、卫生和产业政策中，通过将男性困在“传统”角色中而阻碍两性平等的结构性障碍和规范性法规终于开始得到承认和调查。在商业领域也是如此（正如本章开头引用的营销者所建议的那样），新的产品、服务和身份正越来越多地被售给男性。通过超越 20 世纪初男性气质的正统模式，企业和企业家发现自己能够接触到以前未开发、未充分利用的消费者储备。在之前的经济衰退中，比如 20 世纪 90 年代初，男装受到了沉重的打击；而在 2008 年金融危机期间及之后，男装市场保持了增长和扩张的趋势。根据欧睿信息咨询公司的数据，自 1998 年以来，全球男装销售额增长了 70%（Bailey，2015）。

重要的是要记住，时尚不仅是穿着的，而且是通过无数的数字信道和模拟信道设计、拍摄和传播的。穿着时髦的男人从熠熠发光的杂志页面之间，从网站、博客，从街上和地铁的广告牌上凝视着外面的世界。这种高端时尚形象的激增意味着设计师男装的影响力越来越大，同时这种形象也是一种流行的媒介，虽然它仅以商品形式提供给少数人，但数百万人以图像、视频和仿冒服装的形式获取它。正因为如此，它对人们看待自己的身体、身份的方式，以及体验审美和感官愉悦的方式产生了巨大的影响。虽然实际上购买 Dior Homme 或 Grace Wales Bonner 的夹克是我们中很少人才能够负担得起的，但这些设计的令人兴奋的和具有影响力的图像也会出现在杂志上，以几美元或几欧元的价格就可以获得，而且整个系列都可以完全在网上免费查看。

此外，英国（和美国）的 Topman 等商店和韩国的 Aland 等零售商挑战了以设计为主导的时尚自动等同于消费的概念，它们将创造性和引领性的设计与实惠的价格结合在一起。与 20 世纪六七十年代由相对便宜的面向年轻人的服装所引领的潮流不同，设计师男装在过去 20 年里一直是男装创新的主要场所。但是，高街时尚没有被 Dior Homme 和 Yves Saint Laurent 所引领的风潮落在后面。男士时尚形象的激增，从秀台向大众市场转移趋势的加速，以及电子商务带来的新的可能性，都有助于男性时尚的普及。

注释

1 以及拉夫 · 西蒙斯、德姆纳 · 格瓦萨利亚、罗里 · 帕内尔 · 穆尼（Rory Parnell Mooney）和克雷格 · 格林。

2 更不用说卡洛姐妹（Callot Soeurs）、保罗 · 波烈（Paul Poiret）、瓦瓦拉 · 史蒂潘诺娃、柳博夫 · 波波娃、马里斯卡 · 卡拉什（Mariska Karasz）和其他女装先驱。

3 值得注意的是，康奈尔的霸权男性气质概念是作为一种将她和其他人在 20 世纪七八十年代进行的关于学校教育、男性身体和工党政治的实证研究中观察到的男性气质理论化的方式出现的。从这个意义上说，我在这里引用的作者的定性 / 民族志工作近年来在康奈尔的思想基础上建立和发展，应该被视为她的方法演变的结果，而不是与之彻底的决裂。

4 这在康奈尔、梅瑟施密特（Messerschmidt）和麦克 · 安 · 吉海尔于 20 世纪 80 年代的田野调查中已经很明显了。

5 正如我所提示的那样，威尔斯 · 邦纳通过颠覆男性规范来抵制这些超男性化的表现，可能被认为再现了一组不那么普遍但却可能存在问题的图像，这些图像与异国情调、原始主义和黑人身体的“感官性”有关。然而，正如詹姆斯 · 斯莫尔斯（James Smalls, 2013:99-119）所说，在 20 世纪早期的现代主义中，原始主义和色情主义被黑人艺术家、舞者、作家和诗人［如里奇蒙德 · 巴塞（Richmond Barthé）、弗朗索瓦 · 弗拉尔 · 本加（François Féral Benga）、约瑟芬 · 贝克（Josephine Baker）和兰斯顿 · 休斯（Langston Hughes）］作为一种手段，颠倒和抵制投射到黑人身上的负面价值观，并作为一种方式，把黑人主体性定位于现代主义的核心位置。斯莫尔斯认为，与其将黑人题材视为各种现代主义的被动牺牲品，还不如承认文化的复杂性、创造力和人物的能动性，比如本加就采用了异国情调的策略。真实性、肉欲、精神性和肉体性的话语被非洲、法国和美国黑人艺术家用作构建另类空间的一种方式，在这一空间中，可以实现创造性的、积极的自我认同和欲望。这种颠覆性的，有时是异想天开的，经常是酷儿的黑人身份的传统常常被隐藏或边缘化，可以说，威尔斯 · 邦纳的项目聚焦于对这一传统的恢复。

6 对于他的所有问题化的身体议题来说。

7 实际上更为普遍。

8 布鲁沃德 (Breward，2016：85) 指出，“研究男装和英国政治的历史学家通常将目光投向 17 世纪 60 年代和王政复辟时期，寻找典型的英国男装的证据”，而心理学家约翰 · 弗吕格尔 (John Flügel，1930) 则认为 18 世纪末的法国大革命和英国工业革命是更简单和朴素男装的催化剂。当然，这两种立场绝不是不可调和的：弗吕格尔所关注的革命性变革时刻有着更深层次的历史根源（与之相伴的男装变化也是如此）。晚期乔治王朝时期 / 摄政时期的男装特别值得注意，因为在这一时期的男装发生了快速的变化，并且我们在这个时期的时尚中可以感受到一种优雅、清晰和现代感。

9 当然，英国和美国的时尚在 20 世纪 80 年代也发挥了重要作用；我在第 2 章中详细描述了英国亚文化时尚的创新本质。20 世纪 80 年代，以原型和早期嘻哈文化为核心的美国亚文化时尚的创造力在杰梅尔 · 沙巴兹（Jamel Shabazz，2002）的《回到过去》（*Back in the Day*）一书以及萨沙 · 詹金斯（Sacha Jenkins）的纪录片《新鲜的穿着》（*Fresh Dressed*，2015）中都有记录。尽管如此，最具商业性和创新性的品牌（时尚类时尚）往往会在此期间于巴黎或米兰亮相。

10 不管这可能是什么：正如我在"学科话语"一章中所描述的，20 世纪 80 年代末和 90 年代关于男性风格的文本常常把 20 世纪 30 年代末和 40 年代的男装建构为"经典"，仿佛这一时期的风格一直存在（而不是特定历史进程的结果）。

11 更普遍地说，皮尤研究中心（Pew Research Center，2013）的一项研究发现，1965 年至 2011 年，美国父亲花在家务上的时间增加了一倍多，而花在照顾孩子上的时间几乎增加了两倍。

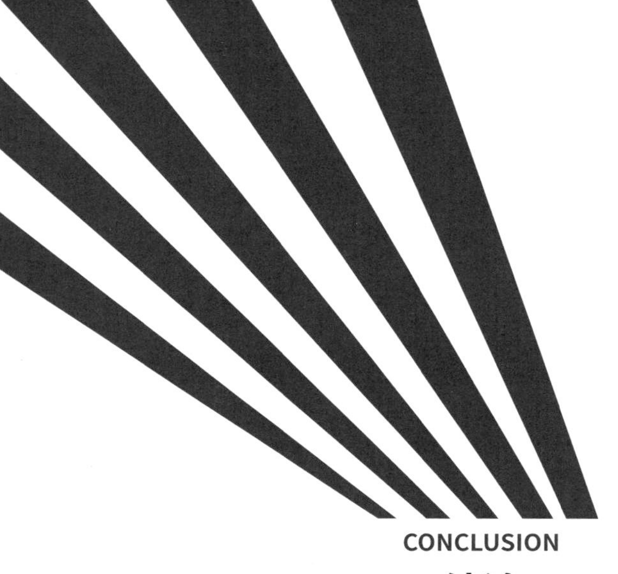

CONCLUSION
结论

当我在 2017 年写下这个结论时，男装仍然是一个充满活力、能量和创新的实践领域。例如，在 Paul Smith 2018 春夏秀场上，可以看到一种奇妙的趣味感、色彩感和兴奋感：带有多个褶皱的高腰裤子呈现为鲜艳的焦橙色，搭配有鲜艳的紫红色和酸性黄色的流体褶皱夹克。保龄球衫、手工嵌花针织衫、裤子和鞋子上都印有超大的罂粟花、鱼和海草叶图案，创造了一种具有 20 世纪 80 年代色彩的幻想曲。

Rick Owens 的时装系列，有着未来主义的氛围：模特们穿着无袖上衣，带有膨胀的编织镶嵌，有些穿着透明的网眼织品，搭配短裤；太空时代的宽松的运动鞋；实用主义的包裹和袋子绑在腿上，创造出奇怪的凸起轮廓。

这两个系列以及同一季节的许多其他系列都展现了男装的持续活力，在过去的 20 年里，男装比任何其他的创造性实践领域都更引人注目，并深入地探索和质询了男性气质。

从千年之交到今天，设计师们以亚文化的越轨例子为范本，利用男装来推进一种“逆向话语”的形式：通过将脆弱、敏感和性感等品质重新定义为积极和可取的，来挑战正统男性的价值观。我已经探究了这种“逆向话语”在艾迪·斯理曼、拉夫·西蒙斯和赫尔穆特·朗早期作品中的中心作用，这些设计师们相当确切地重新剪裁并解构了传统的男装，以揭示出一些崭新的、有活力的内容。

在过去的 20 年里，正如埃里克·安德森 (Anderson，2009) 与克里斯滕森和詹森 (Jensen，2014) 等社会学家所证明的那样，当代男性气质已经得到了显著的改变，尤其是随着年轻男性对正统性别价值观越来越不抱幻想，转而接受更具包容性、平等主义形式的男性气质，男性气质也就变得更加包容和多元化。使用各种方法收集的一系列关于人们态度的数据，展现了关于男性气质的调整 (Anderson，2009；de Visser，2009；Dahlgreen，2016)。这本书的主题是男性时尚的转变，它既催化了这些男性气质的转变 (通过为男性创造新的主观性、经验和新的消费模式)，同时也反映了更广泛的文化构造的运动。

近年来，男装的活力在很大程度上归功于人们对创新和变化的拥抱。男士服装必须保持保守、恒定和不变的教条已经消退，因此，男装已经成为男性表达和探索身份、时尚并重塑自己的领域。男性时尚已经成为自我实现和自我表达的空间，这在我在本书中评论过的许多服装和系列中都能感受到，而且在当代设计师自千年之交开始对他们的作品进行阐释和概念化的过程中，也能感受到这种转变。2001 年，艾迪·斯理曼提出："男装系列可以是创造性的，令人向往的，生动的 [……] 男装也可以成为时尚。我认为男性不应该被禁止参与到时尚中。"

12 年后，卢卡斯·奥森德里耶弗宣布他的目标是"制造特殊的、不同的、非统一性的衣服 [……] 对我来说，衣服是表达个性的一种方式"。同年，拉夫·西蒙斯表达了一系列几乎相同的关注，称他的系列是关于避免"穿制服的义务"，是"关于男人表达自己的自由的"(Slimane, 2001, 转引自 Cabasset, 2001: 70; Ossendrijver, 2013, 转引自 Barneys New York, 2013; Simons 转引自 Levy, 2013: 160)。

这些声明代表了一种从单一到多元化的转变，在男装和更广泛的男性气质的文化中都是如此。在过去的几十年里，尽管存在着激烈的反动声音，但不变的、墨守成规的、单一的和统一的男性气质的观念已经日渐式微——他们越来越多地使用"男性气质"这个术语来反映男性身份的多元性。

然而，将着装和时尚中出现的新形式的男性主体的爆炸性增长作为性别歧视永远消亡的明确证据，是某种夸大的说法。因为，矛盾的地方在于，攻击性反动形式的男性气质的可见度也在增加——唐纳德·特朗普 (Donald Trump) 的当选是最有力的例子，与埃里克·安德森描述的那种具有根本包容性的性别认同形式同时出现。这两种相互对立的性别实践形式指向了正统男性气质的脆弱性和内在矛盾，而正统男性气质在脱离其经济基础后，要么成为一种夸张和自我意识的虚张声势，要么被其他东西所取代。自千年之交以来，男装的成就构成了争论过程的一个组成部分：新的表现和实践模式已经并将继续采取行动，来否定性别的本质主义教条。正如玛格丽特·欧文在她对 21 世纪最初十年的描述中所说的那样：

> 对都市美型男的每一次反馈都揭示了当性别被定义为流动而不是固定，或偶然而不是自然时随之而来的恐慌 [……] 因此，当市场调查证明异性恋和不是异性恋的都市美型男确实都存在时，粗鲁的捍卫者们就会争先恐后地将男性气质作为一个本质性的类别，并否认另一种男性气质的可能性。

从这个意义上说，忽视近几十年来男性身份发生的真正变化的相反趋势甚至更为危险，因为它抹杀了已经出现的包容式的男性气质，并暗示性别不平等是不可避免的。[1]

在学者本·巴里和芭芭拉·菲利普斯 (Barry and Phillips，2016：17-34) 的定性研究中，可以看到时尚在激活、打开新的主体性并为其创造空间方面的重要性，他们发现，与穿着时尚的男性模特的形象打交道使他们的参与者能够“表达新的男性身份”(2016：30)。文化理论家如饭田由美子 (Iida，2005) 和玛格丽特·欧文 (上文引用过) 也将男性时尚定位为一个颠覆和挑战正统男性气质的场所。

与所有进步的文化变革时期一样，最近几十年给男装注入活力的转变与之前锐意变革的时期有关——尤其是 20 世纪 60 年代和 70 年代早期的男装革命，它在形式、轮廓、颜色和制造等诸多层面进行了试验。特别需要指出的是，20 世纪 60 年代中后期和 70 年代初的生动、活泼、在形式层面锐意创新的男装，是在一个富足的和社会价值观急剧变化的时期发展起来的。正如我所提到的那样，20 世纪 70 年代的“男性解放”的话语中出现的革新男性气质的运动，80 年代的“新男人”和当代的男性身份观念转变之间有着明显的连贯性。因此，当代时尚从业者不断地将 20 世纪 70 年代作为灵感来源，这似乎并不令人惊讶。从这个意义上说，近年来 T 台上的创新可以被看作是几十年前开始的一系列观念转变的进程的成果，这一改革过程受到了各派本质主义者的强烈抵制，但它仍然对男士的时尚和更广泛的男性文化产生了相当大的影响。

那么，男装的未来在哪里呢？这一领域经过一段时间的扩张和变化，也许创新的速度会放缓，但男性时尚这一已经逃出了瓶子的精灵，似乎不太可能回到它在 20 世纪 90 年代所占据的边缘位置，或者回到曾经占据主导地位的不变的服装教条。与其他经济不稳定时期 (如 20 世纪 90 年代初) 相比，2008 年金融危机之后的男装市场继续快速扩张，设计师们继续推出富有创意的男装系列。除了我前文讨论过的男性气质的变化之外，全球范围内的数字化、网络化、即时通信的出现，还创造了男性时尚迷的在线社区，并引发了话语的扩散，所有这些都有助于增强这个行业的活力。

当代男装的特点在于，无论在高端市场还是在高街时尚中，都拥有越来越多的选择和多样性，但仍然有很大的尝试和扩张的空间：虽然青年市场代表着一个充满活力和创造性的空间，但对于老年客户来说，在传统剪裁和传统休闲风格之外寻求独特男装的愿望仍然很难满足。业内仍然存在着一个有问题的假设，即中年和中年以上的男性必须自然而然地希望穿着传统而低调的服装。

在过去一段时间里，男性时尚通过建立独立的品牌、杂志和时装周来寻求从女装主导地位中独立出来，如今，我们可以看到，这两个领域之间有着越来越多的相互渗透。男模和女模现在经常在同一场秀中一起出现在 T 台上，而且“雌雄同体”或通常被称为“性别中立”的时尚又重新流行起来。像 Rad Hourani 和 Toogood 这样的品牌推出了任何人都可以穿的系列 (只要他们能负担得起价格)，并且呼应了 20 世纪 70 年代和 80 年代初的双性化服装, 男性名人, 如贾登 · 史密斯 (Jaden Smith)、坎耶 · 韦斯特 (Kanye West)、权志龙（G-Dragon）和 Young Thug 等, 经常穿着女装服装, 包括半身裙和连衣裙，这种现象已经变得越来越普遍。这种男装和女装之间界限的逐步的、试探性的解体反映了围绕性别的一系列更广泛的争论，因为激进的反本质主义话语从对男性气质或女性气质的革新转向了对二元性别分类的有用性的怀疑。这种反本质主义思想，即反对染色体性别代表了一个人的“真实”“可信”的本质的观念，是 20 世纪 90 年代女性主义和同性恋理论话语的关键 (Butler， 1990 ；Grillo， 1995 ；Wilchins， 2002)，并逐渐渗透到流行文化中。虽然大多数人继续认同女性身份或男性身份，但在这一明确的二元对立 (或者说一个不那么明确划分的二元对立) 之外，性别认同的可能性已经从激进主义和学术界的边缘，逐渐进入大众意识。这些新的发展在何种程度上继续影响时尚，仍然是有待观察的。

在撰写本书时，潮流预测机构 WGSN 正在关注南非洲的男装，突出了里奇 · 姆尼西（Rich Mnisi）和卢汉约 · 姆丁吉 (Lukhanyo Mdingi) 等设计师在色彩、制作和轮廓等方面的独特方法，展示了他们充满创造性的精湛作品 (WGSN，2017)。Business of Fashion 的马齐 · 奥杜 (Mazi Odu) 在 2017 年 1 月的文章中，也讨论了非洲男装的扩张，重点关注南非洲和西非的从业者 (Odu，2017)。Orange Culture of Nigeria 等品牌的前卫美学展现了男装的前景，这种前景既与更广泛的全球趋势相联系，同时又具有鲜明的非洲特色，设计师阿德巴约 · 奥克 - 拉瓦尔 (Adebayo Oke-Lawal) 对颜色、主题以及形式的处理都证明了这一点。南部和西部非洲 (特别是拉各斯和开普敦等城市) 已经从新一轮东亚设计浪潮中受益，现今代表着令人兴奋的男装创意活动中心。在男装中日益普遍的世界主义，通过贡献新的视角、美学和叙事，为该领域增添了新的动力。

也许并非最近几年男性时尚的每一项发展都应该作为单纯的好事受到欢迎：我对时装摄影中模特身体缺乏多样性的问题表达了一些担忧，被时装摄影所框定的男性身体有时也是被物化了的。但是，尽管有着这些担忧，我在这本书中描述的男性时尚的惊人开放仍然是一个令人兴奋和极其积极的现象，一个丰富了我的生活和许多其他男人的生活的现象。

注释

1 出于这个原因，我对德米特拉基斯·德米特里欧（Demetrakis Demetriou，2001) 和特里斯坦·布里吉斯 (Tristan Bridges, 2013) 等理论家的工作非常怀疑，他们对“混杂的男性气质”的描述倾向于将异性恋和男性范畴定义为铁板一块的特权标志。

REFERENCES
参考文献

Abdulrahim, A. (2016). Autumn/Winter 2016/2017. [Menswear Collection] London: Victoria House.

Abdulrahim, A. and Sels, T. (2016). Personal Interview with Mai Gidah.

Abraham, T. (2016). Justin O'Shea Exits Brioni. *Business of Fashion*. [online] .

Adamson, G. (2007). *Thinking through Craft*. Oxford: Berg.

Advert: His Clothes (1962). *Town* (11), p. 25.

Akomfrah, J. (2013). *The Stuart Hall Project* [film]. United Kingdom: Smoking Dogs Films.

Anderson, E. (2009). *Inclusive Masculinity*. New York: Routledge.

Anderson, P. and Godfrey, J. (1992). Man Child. *The Face.*, pp. 42–45.

Anon (1971a). *Tailor & Cutter* (April 30, 1971), p. 7.

Anon. (1971b). *L'Uomo Vogue* (10), p. 129.

Anon (1988). *Gentlemen's Quarterly* (January), p. 172.

Anon (1994). Military Precision. *Arena Homme+* (1, Spring/Summer 1994), p. 64.

Anon (2010). *Hipster Casualty 100710, HACKNEY HIPSTER HATE*.

Antonioli.eu (2015). *Ximon Lee about XIMONLEE SS16*. [video]

Anderson, P. and Godfrey, J. (1992). Man Child. , pp. 42–45.

Arena Homme+ (1997). Collections Spring/Summer 1997: Gucci. *Arena Homme+*, p. 89.

Armengol, J. (2013). Embodying the Depression: Male Bodies in 1930s American Culture and Literature. In: J. Armengol and À. Carabí, eds., *Embodying Masculinities: Towards a History of the Male Body in U.S. Culture and Literature*, 1st ed. New York: Peter Lang.

Arnault, B. (2007). *Christian Dior 2006 Annual Report: Combined Ordinary and Extraordinary Shareholders' Meeting*. Paris.

Arrowsmith, C. (1963). The Thin End of the Wedge. *Town* (12), pp. 84–85.

Avedon, R. (2001). Advertisement for Dior Homme Autumn/Winter 2001–2002—Solitaire. *Arena Homme+* (18, autumn/winter), p. 62.
Backes, N. (1983). Valentino Advertisement. *Gentlemen's Quarterly*, p. 231.
Bailey, T. (2015). Menswear Industry Keeps on Growing. [online] *European CEO*.
Banks, J. (1983). Advertisement. *Gentlemen's Quarterly*.
Barcelona: Antonio Miró(1991). *Collezioni Uomo* (Autumn Winter 1991/1992), p. 337.
Barneys New York (2013). Stylish Men, in Tune: A Video with Lanvin Menswear Designer Lucas Ossendrijver. [video] .
Barnsley, P. (1962). Faces without Shadows. *Town*, 1(9), pp. 48–53.
Barry, B. and Phillips, B. (2016). Destabilizing the Gaze towards Male Fashion Models: Expanding Men's Gender and Sexuality Identities. *Critical Studies in Men's Fashion*, 3(1), pp. 17–35. doi: 10.1386/csmf.3.1.17_1.
Barthes, R. and Lavers, A. (1972). *Mythologies*. 1st ed. New York: Hill and Wang.
Bartky, S. (1990). *Femininity and Domination*. New York: Routledge.
Baudrillard, J. (1981). *For a Critique of the Political Economy of the Sign*. Candor, NY: Telos Press.
Baudrillard, J. (1994). *Simulacra and Simulation*. Ann Arbor: University of Michigan Press.
Baudrillard, J. (1998). *The Consumer Society*. London: Sage.
Baudrillard, J. and Glaser, S. (2010). *Simulacra and Simulation*. 1st ed. Ann Arbor: University of Michigan Press.
Baumol, W. J. (1986). Productivity Growth, Convergence, and Welfare: What the Long-Run Data Show. *The American Economic Review*, 76(5), pp. 1072–1085.
Behnke, C. and Meuser, M. (2012). "Look Here Mate! I'm Taking Parental Leave for a Year"—Involved Fatherhood and Images of Masculinity. In: M. Oechsle, U. Müller, and S. Hess, eds., *Fatherhood in Late Modernity: Cultural Images, Social Practices, Structural Frames*. 1st ed. Opladen, Berlin and Toronto: Verlag Barbara Budrich, pp. 129–142.
Ben Sherman Advertisement (1999). *The Face* (35), p. 27.
Berger, J., Blomberg, S., Fox, C., Dibb, M. and Hollis, R. (1977). *Ways of Seeing*. 2nd ed. London: British Broadcasting Corporation/Penguin.
Beynon, J. (2002).*Masculinities and Culture*. 1st ed. Philadelphia, PA: Open University Press.
Birch, H. (1994). Triumph of the New Lad; Stylish? Clever? Sophisticated? Don't Be Silly:

The Men's Magazine of the Moment is about Football, Booze and Babes. And It's Laughing all the Way to the Bank, *The Independent* (8th September), p. 26.

Bitterman, A. (2016). Getting beyond the Fear of Queer: The Transition from Gender-Specific Fashion to Inclusive Style. *Critical Studies in Men's Fashion*, 3(1), pp. 37–42.

Blackman, C. (2009). *100 Years of Menswear*. 1st ed. London: Laurence King.

Blanks, T. and Style.com (2012). Spring Summer 2013. [video] .

Bonami, F. and Simons, R. (2003). *The Fourth Sex: Adolescent Extremes*. Milan: Charta.

Bott, D. (2007). *Chanel*. London: Thames & Hudson, p. 94.

Bourdieu, P. (1984). *Distinction*. 1st ed. Cambridge, MA: Harvard University Press.

Bourdieu, P. and Nice, R. (1984). *Distinction: A Social Critique of the Judgement of Taste*. Cambridge, MA: Harvard University Press.

Bradley, M. (1971). *Unbecoming Men: A Men's Consciousness-Raising Group Writes on Oppression and Themselves*. 1st ed. New York: Change Press.

Bradshaw, D. and Richmond, T. (1994). Overtones. *Arena Homme+*, (2, Autumn/ Winter) pp. 150, 151.

Brecht, B. (2005). Alienation Effects in Chinese Acting. In: S. Gupta and D. Johnson, eds., *A Twentieth-century Literature Reader: Texts and Debates*, 1st ed. London: Routledge.

Breward, C. (2005). Ambiguous Role Models: Fashion, Modernity and the Victorian Actress. In: C. Evans and C. Breward, eds., *Fashion and Modernity*, 1st ed. London: Berg, pp. 101–118.

Breward, C. (2016). *The Suit: Form, Function & Style*. 1st ed. London: Reaktion Books.

Bridges, T. (2013). A Very "Gay" Straight?: Hybrid Masculinities, Sexual Aesthetics, and the Changing Relationship between Masculinity and Homophobia. *Gender & Society*, 28(1), pp. 58–82.

Brigidini, Cristina Leonarduzzi (1982). Metropolitan Look. *L'Uomo Vogue*, 121 (July/ August), pp. 396–397.

Bryden, R. (1962). Bulge Takes Over. *Town*, 1(9), pp. 40–45.

Burdine, B. (1973). Clothes Line. *Gentlemen's Quarterly*, 4(43), p. 22.

Burman, B. (1995). The Better and Brighter Clothes: The Men's Dress Reform Party, 1929–1940. *Journal of Design History*, 8(4), pp. 275–290.

Butler, J. (1990). *Gender Trouble*. New York: Routledge.

Butler, J. (2011). Your Behavior Creates Your Gender. [video] .

Cabasset, P. (2001). Portrait: Hedi Slimane: Le Petit Prince New-Look De Dior Homme.

L'Officiel de la Couture et de la Mode de Paris (854), pp. 66–71.
Camara de la Moda Española Advertisement. (1976). *L'Uomo Vogue* (51, August), pp. 30–41.
Campbell, C. (2005). The Craft Consumer: Culture, Craft and Consumption in a Postmodern Society. *Journal of Consumer Culture*, 5(1), pp. 23–42. doi: 10.1177/1469540505049843.
Cancian, F. (1987). *Love in America: Gender and Self-Development*. Cambridge: Cambridge University Press.
Capasa, E. (1997). Costume National Autumn/Winter 1997–1998. *Uomo Collezioni*, pp.32–37.
Capasa, E. (2011). Ennio Capasa, Costume National.
Carrigan, T., Connell, B. and Lee, J. (1985). Toward a New Sociology of Masculinity. *Theory and Society*, 14(5), pp. 551–604.
Carter, A. (1979). *The Bloody Chamber and Other Stories*. 1st ed. London: Gollancz.
Casablanca. (1988). *Gentlemen's Quarterly*, pp. 164–165.
Catalano, E. (1969). La Moda a Roma si recita a Soggetto. *L'Uomo Vogue* (4), pp.116–117.
Chandler, R. and Wales Bonner, G. (2015). Ebonics. [Menswear Collection] London: London Collections Men.
Chapman, R. (1988). The Great Pretender: Variations on the New Man Theme. In: R. Chapman and J. Rutherford, eds., *Male Order: Unwrapping Masculinity*. 1st ed. London: Lawrence & Wishart, pp. 225–248.
Charity, R. and Kelvin, J. (1994). Chill Factor. *Arena Homme+*, p. 94.
Chevignon Advertisement. (1994). *Arena Homme+*, p. 137.
Chinitz, D. (1997). Rejuvenation through Joy: Langston Hughes, Primitivism, and Jazz. *American Literary History*, 9(1), pp. 60–78.
Christensen, A. and Jensen, S. (2014). Combining Hegemonic Masculinity and Intersectionality. *NORMA: Nordic Journal For Masculinity Studies*, 9(1), pp. 60–75. doi: 10.1080/18902138.2014.892289.
Christodoulou, P. (1962). Brogues Come to Town. *Town* (9), p. 29.
Clark, A. (1999a). 21st Century Boys; It's Spring 2000: Prepare to Ditch the Navy Jumper. Again. Adrian Clark Reports from the Multicoloured Menswear Shows in Paris and Milan. *The Guardian* (9th July), p. 10.
Clark, A. (1999b). All about Yves: As the New Looks for Men for the New Millennium Hit

the Catwalks Last Week, One Label Stood Head and Shoulders above the Rest. *The Guardian (G2 magazine)*, (9th July), p. 10.

Clark, A. (2014). Death of the Suit. [online] *ShortList Magazine*.

Clarke, J., Hall, S., Jefferson, T. and Roberts, B. (1993 [1975]). Subcultures, Cultures and Class. In: S. Hall and T. Jefferson, eds., *Resistance through Rituals: Youth Subcultures in Post-War Britain*, 2nd ed. London and New York: Routledge, pp. 3–59.

Cohn, N. (1971). *Today There are No Gentlemen*. 1st ed. London: Weidenfeld and Nicolson.

Cole, S. (2000). *Don We Now Our Gay Apparel*. 1st ed. Oxford: Berg.

Collard, J. (2016). The Death of the Suit and the Rise of "Smart Separates." *The Sunday Telegraph*, pp. 24–25.

Collins, M. (2007). *The Permissive Society and its Enemies*. 1st ed. London: Rivers Oram.

Connell, R. (1987). *Gender and Power*. Cambridge: Polity Press.

Connell, R. (2005). *Masculinities*. 2nd ed. Berkeley: University of California Press.

Connell, R., Ashden, D., Dowsett, G. and Kessler, S. (1982). *Making the Difference: Schools, Families and Social Division*. Sydney: Allen & Unwin.

Connell, R. and Messerschmidt, J. (2005). Hegemonic Masculinity. *Gender & Society*, 19(6), pp. 829–859. doi: 10.1177/0891243205278639.

Costantino, M. (1997). *Men's Fashion in the Twentieth Century*. New York: Costume & Fashion Press.

Costume National Spring/Summer 2005 (2005). *Collezioni Uomo*.

Crafts, N. and Toniolo, G. (1996). *Economic Growth in Europe since 1945*. 1st ed. Cambridge: Cambridge University Press.

Crane, T. V. (2013). Club to Catwalk: Blitz Kids. [video] .

Crewe, B. (2003). *Representing Men: Cultural Production and Producers in the Men's Magazine Market*. 1st ed. Oxford: Berg Publishers.

Cuenca, M. (2013). Invisibilizing the Male Body: Exploring the Incorporeality of Masculinity in 1950s American Culture. In: J. Armengol and À. Carabí, eds., *Embodying Masculinities: Towards a History of the Male Body in U.S. Culture and Literature*, 1st ed. New York: Peter Lang.

Cunningham, P. (2008). The Leisure Suit: Its Rise and Demise. In: A. Reilly and S. Cosbey, eds., *The Men's Fashion Reader*, 1st ed. New York: Fairchild Books, pp. 84–100.

Dahlgreen, W. (2016). YouGov | Only 2% of young men feel completely masculine (compared to 56% of over 65s). [online] *YouGov: What the World Thinks*. Available at: yougov.co.uk/news/2016/05/13/low-young-masculinity-britain/ [Accessed July 13, 2016].

Dangoor, R. (2010). Being a Dickhead's Cool.

Davidson, L. (2015). Suits You, Sir. Menswear is Taking over Fashion World. *The Daily Telegraph* (April 1), p. 3.

Day, C. and Ward, M. (1992). Wah Wah. *The Face*, 47(August), pp. 83–89.

Day, C. and Yiapanis, P. (2003). Lame. In: R. Simons and F. Bonami, eds., *The Fourth Sex: Adolescent Extremes*. Milan: Charta.

De Visser, R. (2006). Mister In-between: A Case Study of Masculine Identity and Health-related Behaviour. *Journal of Health Psychology*, 11(5), pp. 685–695.

De Visser, R. (2009). "I'm Not a Very Manly Man": Qualitative Insights into Young Men's Masculine Subjectivity. *Men and Masculinities*, 11(3), pp. 367–371.

Demetriou, D. (2001). Connell's Concept of Hegemonic Masculinity: A Critique. *Theory and Society*, 30(3), pp. 337–361.

Desk Set. (1988). *Gentlemen's Quarterly*, 58(3), p. 311.

Dino Mele. (1968). *L'Uomo Vogue* (2), p.142.

Dior Homme by Hedi Slimane. (2007). *Collezioni Uomo* (60), pp.258–263, 262.

Drew, J. (2008). Knife Crime and Masculinity—The F-Word. [online] *Thefword*.

Drew, W. (2009). The Velvet Revolutionary. *Wish Magazine*, p. 46.

Drewnowski, A. and Yee, D. (1987). Men and Body Image: Are Males Satisfied with Their Body Weight? *Psychosomatic Medicine*, 49(6), pp. 626–634.

Ducat, S. (2004). *The Wimp Factor: Gender Gaps, Holy Wars and the Politics of Anxious Masculinity*. Boston, MA: Beacon Press.

Edwards, T. (1997). *Men in the Mirror*. 1st ed. London: Cassell.

Edwards, T. (2006). *Cultures of Masculinity*. London: Routledge.

Ehrenhalt, A. (2012). *The Great Inversion and the Future of the American City*. 1st ed.New York: Borzoli.

Ehrenreich, B. (1984). A Feminists' View of the New Man. *The New York Times Magazine*.

Elbaz, A. (2011). *Défilé Homme Printemps/Eté 2012 de Lanvin*. Paris.

Encyclopediadramatica.se. Encyclopedia Dramatica (2011). Available at: encyclopediadramatica.se/Hipsters [Accessed August 1, 2016].

Engel, B. (2004). *The 24 Hour Dress Code for Men*. Berlin: Feierabend.

Enrico Job. (1968). *L'Uomo Vogue* (3), p.109.

Ervin, M. (2011). The Might of the Metrosexual: How a Mere Marketing Tool Challenges Hegemonic Masculinity. In: E. Watson and M. Shaw, eds., *Performing American Masculinities*, 1st ed. Bloomington, IN: Indiana University Press.

Etautz.com. (2017). E. Tautz. [online], Available at: etautz.com/ [Accessed January 12, 2017].

Falco, L. (1969). Modello Nativo. *L'Uomo Vogue* (5), p. 26.

Fanon, F. (1967). *Black Skins White Masks*. 2nd ed. New York: Grove Press.

Fashion TV (2011). Lanvin Runway Show, Paris Men's Fashion Week, Spring 2012.[video].

Fashion United (2012). Where has Menswear Growth Sprung From? [online] .

Fashion United (2014). The Rise of the Global "Menaissance." [online] .

Fasteau, M. (1975). *The Male Machine*. 1st ed. New York: Dell.

Faudi, M. (2013). Givenchy Spring/Summer 2014 by Riccardo Tisci. [image] Available .

Featherstone, M. (2007). *Consumer Culture and Postmodernism*. Los Angeles: SAGE Publications.

Fewings, T. (2015). Craig Green Spring/Summer 2015. [Menswear Collection] London. Image owned by Getty Images.

Filiault, S. and Drummond, M. (2007). The Hegemonic Aesthetic. *Gay & Lesbian Issues and Psychology Review*, 3(3), pp. 175–184.

Firenze: Stefano Chiassai (1991). *Collezioni Uomo* (Autumn Winter 1991/1992), p. 31.

Fiske, J. (1987). *Television Culture*. London: Routledge.

Fiske, J. (1989). *Understanding Popular Culture*. London: Routledge.

Flügel, J. (1930). *The Psychology of Clothes*. 1st ed. London: Hogarth Press and the Institute of Psycho-Analysis.

Flusser, A. (2001). *Dressing the Man: Mastering the Art of Permanent Fashion*. New York: HarperCollins.

Forster, L. and Harper, S. (2010). *British Culture and Society in the 1970s*. 1st ed. Newcastle upon Tyne: Cambridge Scholars Publishing.

Foucault, M. (1978). *The History of Sexuality, Volume I: An Introduction*. Translated by R. Hurley. New York: Pantheon Books.

Foucault, M. (1989). *The Archeology of Knowledge*. London: Routledge.

Foucault, M. (1995). *Discipline and Punish*. New York: Vintage Books.

Foucault, M. and Hurley, R. (1978). *The History of Sexuality, Volume I: An Introduction*. New York: Pantheon Books.

Foucault, M., Martin, L., Gutman, H. and Hutton, P. (1988). *Technologies of the Self*.

Amherst: University of Massachusetts Press.

Fox, D. (2016). *Pretentiousness: Why It Matters*. London: Fitzcarraldo Editions.

Frayling, C. (2011). *On Craftsmanship: Towards a New Bauhaus*. London: Oberon Books.

Freeman, H. (2006a) Ask Hadley: Is it Acceptable for a Man to Wear a Vest in Warm Weather? *The Guardian*. Available at: www.theguardian.com/lifeandstyle/2006/mar/13/fashion [Accessed March 22, 2014].

Freeman, H. (2006b) Men and Jewellery. *The Guardian*.

Freeman, H. (2010). Man Cleavage: Put It Away!. *The Guardian*.

Friedan, B. (1963). *The Feminine Mystique*. New York: W. W. Norton and Co.

Friede, E. (2016). Menswear Market Showing Strong Growth. *The Gazette*, p. 3.

Friedman, S. (1994). See Me, Feel Me, Touch Me, Heal Me: Pampering, and How to Take It like a Man. *Gentlemen's Quarterly* (January), pp. 50–52.

Friedman, R. and Downey, J. (1998). Psychoanalysis and the Model of Homosexuality as Psychopathology: A Historical Overview. *The American Journal of Psychoanalysis*, 58(3), pp. 249–270.

Furmanovsky, J. and Russell Powell, F. (1984). The New Glitterati. *The Face* (48 April), pp. 47–48.

Fuss, D. (1992). Fashion and the Homospectatorial Look. *Critical Inquiry*, 18(4), pp.713–737.

Gahr, D. and Fish, M. (1969). *Mick Jagger and the Rolling Stones Perform at Hyde Park*. London. Image owned by Getty Images.

Galbraith, J. K. (1958). *The Affluent Society*. New York: New American Library.

Gallagher, V. (2012). Rising Menswear Sales Defy Retail Gloom. *Drapers*. Available at: www.drapersonline.com/news/multiples/rising-menswear-sales-defy-retail-gloom/5038607.article#.UyxP1a1_ty8 [Accessed March 21, 2014].

Gauntlett, D. (2011). *Making is Connecting*. Cambridge: Polity Press.

Gauze and Effect—Trunk Show (Photographer: Jerry Salvati). (1973). *Gentlemen's Quarterly*, 4(43), pp. 58–68.

Gavin, F. (2014). Collier Schorr: Still Chasing the First High. [online] *Dazed Digital*.

Getty Images. (2016a). *E. Tautz Spring/Summer 2017*. London.

Getty Images. (2016b). *Grace Wales Bonner Spring/Summer 2017 Ezekiel*. London.

Giddens, A. (1991). *Modernity and Self-Identity*. Stanford, CA: Stanford University Press.

Gill, R., Henwood, K. and McLean, C. (2005). Body Projects and the Regulation of Normative Masculinity. *Body & Society*, 11(1), pp. 37–62.

Goffman, E. (1956). *The Presentation of the Self in Everyday Life*. Edinburgh: University of Edinburgh Social Science Research Centre.

Goffman, E. (1986). *Stigma: Notes on the Management of Spoiled Identity*. 3rd ed. New York: Simon & Schuster.

Goldrick-Jones, A. (2003). *Men Who Believe in Feminism*. 1st ed. Westport, CT: Praeger Publishers.

Gore, M. (1983). *Everything Counts*. [Vinyl] London: Mute/Sire.

Grant, P. (2016). E Tautz Spring/Summer 17. [Menswear Collection] London: 180 Strand.

Greer, G. (2003). *The Boy*. London: Thames & Hudson.

Grillo, T. (1995). Anti-Essentialism and Intersectionality: Tools to Dismantle the Master's House. *Berkeley Women's Law Journal*, [online] 10(1), pp. 16–30. Available at: scholarship.law.berkeley.edu/cgi/viewcontent.cgi?article=1093&context=bglj [Accessed July 28, 2017].

Grogan, S. (2008). *Body Image: Understanding Body Dissatisfaction in Men, Women, and Children*. New York: Routledge.

Grosz, E. (1994). *Volatile Bodies*. Bloomington: Indiana University Press.

Hackett, J. and Tang, G. (2006). *Mr Classic*. London: Thames & Hudson.

Hadis, D. (2016). Is the End of the Suit in Sight?. [online] *Vogue*.

Hall, M. (2015). *Metrosexual Masculinities*. Basingstoke: Palgrave Macmillan.

Hall, S. (1988a). Thatcher's Lessons. *Marxism Today*, March 1988, pp. 20–27.

Hall, S. (1988b). *The Hard Road to Renewal: Thatcherism and the Crisis of the Left*. London: Verso.

Hanisch, C. (1975). Men's Liberation. In: Redstockings, ed., *Feminist Revolution*. 1st ed. New York: Random House, pp. 72–76.

Harber, J. and Greene, R., eds. (1973). *Gentlemen's Quarterly*, 4(43).

Harjunen, H. (2017). *Neoliberal Bodies and the Gendered Fat Body*. Oxford: Routledge.

Harmsworth, A. (2016). Doing It Dougie Style. *Metro*, pp. 22–23.

Harpin, L. (1992). Ten Minutes in the Mind of Richey James. *The Face* (47 August), p.55.

Harris, G. and Irvine, T. (2013). Wasted Youth. *10 Men*, Winter 2013 (36).

Harrod, T. (2015). *The Real Thing*. London: Hyphen Press.

Harvey, J. (1995). *Men in Black*. 1st ed. Chicago: University of Chicago Press.

Hayward, C. and Dunn, B. (2001). *Man About Town*. London: Hamlyn.

Healy, M. (2001). Adam's Ribs. *Arena Homme+* (16, Autumn/Winter), pp. 163–164.

Healy, M. (2016). Nasir Mazhar's most honest interview ever: Murray Healy talks to the designer about his brand's new direction (and what he says will blow you away) | LOVE. [online] *LOVE*. Available.

Hebdige, D. (1979). *Subculture: The Meaning of Style*. 1st ed. London: Routledge.

Hell, R. (1977). *Blank Generation*. New York: Sire Records.

Home Office, Scottish Home Department (1957). *Report of the Committee on Homosexual Offences and Prostitution*. London: Her Majesty's Stationery Office.

Homma, A., Roberts, F., Malison, M., Kissane, B., Geerts, W., Kasriel-Alexander, D., Boumphrey, S. and Homma, A. (2015) *Men's Spending on Accessories Rises in the US, Euromonitor International Blog*.

hooks, b. (1994). *Teaching to Transgress*. 1st ed. New York: Routledge.

hooks, b. (2004a). *The Will to Change*. New York: Atria Books.

hooks, b. (2004b). *We Real Cool: Black Men and Masculinity*. New York: Routledge.

Horrocks, R. (1994). *Masculinity in Crisis*. Basingstoke: Palgrave.

Hung, W. (2016). Autumn/Winter 2016/2017. [Menswear Collection] London: Victoria House.

Hustvedt, S. (2006). *A Plea For Eros*. London: Hodder & Stoughton.

Ibson, J. (2002). *Picturing Men: A Century of Male Relationships in Everyday American Photography*. Washington, D.C.: Smithsonian Institution Press.

Iida, Y. (2005). Beyond the "Feminization of Masculinity": Transforming Patriarchy with the "Feminine" in Contemporary Japanese Youth Culture. *Inter-Asia Cultural Studies*, 6(1),pp. 56–74.

J, J. (2013). UNUNIFORM Spring/Summer 2014. [Menswear Collection] Paris. Collection by Juun J. Label owned by "Samsung Everland".

Jameson, F. (1991). *Postmodernism, or, The Cultural Logic of Late Capitalism*. Durham, NC: Duke University Press.

Jeffords, S. (1994). *Hard Bodies*. New Brunswick, NJ: Rutgers University Press.

Jobling, P. (2014). *Advertising Menswear: Masculinity and Fashion in the British Media since 1945*. London: Bloomsbury Academic.

Jobling, P. (2015). *Advertising Menswear*. 1st ed. London: Bloomsbury Academic.

Johnson, D. (1984). Out Came the Freaks. *The Face*, (83), p. 3.

Juun. J (2013). UNUNIFORM. [video] .

Kaiser, S. (2012). *Fashion and Cultural Studies*. London: Berg.

Kane, E. (2006). "No Way My Boys Are Going to Be like That!": Parents' Responses to Children's Gender Nonconformity. *Gender & Society*, 20(2), pp. 149–176. doi: 10.1177/0891243205284276.

Kassam, F. (2013). Fall Winter Look Book. [online] *Inventory* (9). Available at: thecvrator.com/inventory-magazine-2013-fallwinter-editorial/ [Accessed July 8, 2016].

Keers, P. (1987). *A Gentleman's Wardrobe*. London: Weidenfeld & Nicolson.

Kimmel, M. (2005). *The Gender of Desire: Essays on Male Sexuality*. 1st ed. Albany: State University of New York Press.

Kristeva, J. (1982). *Powers of Horror: An Essay on Abjection*. Translated by L. Roudiez. New York: Columbia University Press.

Kristeva, J. (1986). Revolution in Poetic Language. In: T. Moi, ed., *The Kristeva Reader*, 1st ed. New York: Columbia University Press, pp. 89–136.

Kristeva, J. and Roudiez, L. (1982). *Powers of Horror: An Essay on Abjection*. New York: Columbia University Press.

Kurennaya, A. (2015). Look What the Cat Dragged in: Analysing Gender and Sexuality in the Hot Metal Centerfolds of 1980s Glam Metal. *Critical Studies in Men's Fashion*, 2(2),pp. 163–211.

Kuryshchuk, O. (2012). Craig Green. [online] *1 Granary*.

Lagneau, N. (2011). Lanvin Spring/Summer 2012 by Lucas Ossendrijver. [image] .

La Nuova Pelle dei Nuovi Papa (1971). *L'Uomo Vogue*, pp. 102–105.

Lang, H. and Verdy, P. (2003). *Spring/Summer 2004 Collection*. Paris. Collection by Helmut Lang Spring/Summer 2004.

Lategan, B. (1972). Sea Rig. *British. Vogue* (July), pp. 74–75.

Leach, A. (2016). The History of Stone Island | Highsnobiety. [online] Highsnobiety.com.

Leitch, L. (2016). Bankers Are Selling Off Their Suits, So What's the Future of Tailoring? Giorgio Armani, Dolce & Gabbana, Thom Browne, and More Weigh In. [online] *Vogue*.

Lessing, D. (1962). *The Golden Notebook*. London: Michael Joseph.

Lessing, D. (1985). *The Good Terrorist*. New York: Knopf.

Levy, V. (2013). Backstage. *10 Men* (36), p. 160.

Lewis, C. and O'Brien, M. (1987). *Reassessing Fatherhood*. London: SAGE Publications.

Lighter Shades of Pale. (1973). *Gentlemen's Quarterly*, 4 (43), pp. 96–99. Photographer:Jerry Salvati.

Limnander, A. (2006). Jil Sander's New Man. *Harper's Bazaar*, p. 57.

Linard, S. and McCabe, E. (1986). British Menswear Takes Flight: London Calling. *The*

Face (77 September), pp. 44–51.

Long, J. (2016). *Local Heroes*. [Menwear Runway Show] London: 180 Strand.

Lorentzen, C. (2007). Why the Hipster Must Die: A Modest Proposal to Save New York Cool. *Time Out New York*.

Lynch, S. and Zellner, D. (1999). Figure Preferences in Two Generations of Men: The Use of Figure Drawings Illustrating Differences in Muscle Mass. *Sex Roles*, 40(9), pp. 833–843.

Mac an Ghaill, M. (1994). *The Making of Men: Masculinities, Sexualities and Schooling*. Buckingham: Open University Press.

Mackie, A. and Lloyd, B. (2010). Topman Campaign Spring 2010 (design by B Blessing).

Madeira, M. (2008). Jil Sander Spring/Summer 2009 by Raf Simons.

Madsen, S. (2015). The Designer's Poetic Take on Race and Masculinity is Breaking New Ground—But She Thinks Diversity in Fashion is More than Just a Black-and-White Issue. [online] *Dazed & Confused*.

Malossi, G. (2000). *Material Man*. New York: H.N. Abrams.

Mancino, R. (1973). Front Cover. *Gentlemen's Quarterly* (Summer).

Mande, J. (2016). Look at this fucking hipster, *Lookatthisfuckinghipster.tumblr.com*.

Maneker, M. (2002). *Dressing in the Dark*. New York: Assouline Publishing.

Margetts, M. (2011). Action not Words. In: D. Charny, ed., *Power of Making: The Importance of Being Skilled*, 1st ed. London: V&A Publishing.

Marithé et François Girbaud Advertisement. (1991). *Gentlemen's Quarterly* (February), pp. 76–77.

Marriott, H. (2015). The Age of Peacocks: British Men Get Serious at Last about Looking Good: From Leopard Print Jackets to Floral Scarves, Men are Learning to Out-glam Women in the Fashion Stakes. *The Observer*, June 14.

Martin, C. (2014). How Sad Young Douchebags Took over Modern Britain | VICE United Kingdom. *VICE*.

Martin, P. (2009). *When You're a Boy: Men's Fashion Styled by Simon Foxton*. 1st ed. London: Photographer's Gallery.

Martin, R. and Koda, H. (1989). *Jocks and Nerds*. New York: Rizzoli.

The Mask You Live In (2015). [film]. Dir. Jennifer Siebel Newsom.

Mauss, M. (1973). Techniques of the Body. *Economy and Society*, 2(1), pp. 70–88.

Mayogaine Paris Advertisement. (1971). *L'Uomo Vogue* (11), 152.

Mazhar, N. (2013). London Collections Men: Spring/Summer 2014. [image]

McCauley Bowstead, J. (2002). *Clubgoers at Trash*. London: The End.

McCauley Bowstead, J. (2015). Hedi Slimane and the Reinvention of Menswear. *Critical Studies in Men's Fashion*, 2(1), pp. 23–42. doi: 10.1386/csmf.2.1.23_1.

McCorkel, J. and Myers, K. (2003). What Difference Does Difference Make? Position and Privilege in the Field. *Qualitative Sociology*, 26(2), pp. 199–231.

McKinley, B. (1982). A Piedi Nudi sulla Sabbia. *L'Uomo Vogue* (120, June), pp. 190–192.

McKinley, J. (2002). Along the Bowery, Skid Row Is on the Skids. *The New York Times (Style Desk)*, October 13, p. 1.

McLellan, A. and Rizzo, O. (2015). Fruit Machine. *Man About Town* (Spring/Summer 2015), p. 199.

McRobbie, A. (1994). *Postmodernism and Popular Culture*. 1st ed. London: Routledge.

Menkes, S. (1998). Sharp Tailoring but With a Soft Touch/PARIS MENSWEAR: On the Straight and Narrow. *International Herald Tribune*, January 27.

Messori Autumn—Winter 1991/1992 (1991). *Collezioni Uomo*, p. 56.

Military Precision. (1994). *Arena Homme+* (1), pp. 64–65.

Milligan, L. (2011). All about The Boys. *Vogue UK*. [online] .

Monden, M. (2012). The Importance of Looking Pleasant: Reading Japanese Men's Fashion Magazines. *Fashion Theory*, 16(3), pp. 297–316. doi: 10.2752/175174112x13340749707169.

Monden, M. (2015). *Japanese Fashion Cultures*. New York and London: Bloomsbury.

Mort, F. (1987). Boy's Own? Masculinity, Style and Popular Culture. In: R. Chapman and J. Rutherford, eds., *Male Order*, 1st ed. London: Lawrence & Wishart.

Mort, F. (1988). Boys Own? Masculinity, Style and Popular Culture. In: R. Chapman and J. Rutherford, eds., *Male Order: Unwrapping Masculinity*, 1st ed. London: Lawrence & Wishart, pp. 193–224.

Mort, F. (1996). *Cultures of Consumption*. 1st ed. London: Routledge.

Mort, F. (2010). *Capital Affairs*. 1st ed. New Haven, CT: Yale University Press.

Mort, F. (2016). Personal Interview. British Library. September 16, 2016.

Mulas, U. (1968). Antonello Aglioti. *L'Uomo Vogue* (3), p. 77.

Mulvey, L. (1985). Visual Pleasure and Narrative Cinema. In: G. Mast, ed., *Film Theory and Criticism: Introductory Readings*, 2nd ed. New York: Oxford University Press, pp. 803–816.

The Muscle Merchant of Venice. (1991). *Gentlemen's Quarterly* (March), p. 242.

Nagel, T. (1986). *The View from Nowhere*. 1st ed. Oxford: Oxford University Press.

Navy Story. (1982). *L'Uomo Vogue* (120), June, pp. 180–189.

Needham, A. (2013). Personal Interview. The Royal College of Art. February 1, 2013.

News.bbc.co.uk. (2017). BBC ON THIS DAY | 27 | 1968: Musical Hair opens as censors withdraw.[online]

Newton, H. (1969a). Gérard Reinhardt. *L'Uomo Vogue* (4), p. 121.

Newton, H. (1969b). Roberto Capucci. *L'Uomo Vogue* (4), p. 77.

Nichols, J. (1975). *Men's Liberation: A New Definition of Masculinity*. 1st ed. Harmondsworth: Penguin.

Nixon, S. (1996). *Hard Looks*. New York: St. Martin's Press.

Nussbaum, M. (1995). Objectification. *Philosophy and Public Affairs*, 24(4), pp. 249–291.

Odu, M. (2017). African Menswear Goes Global. [online] *The Business of Fashion*.

Oechsle, M., Müller, U. and Hess, S. (2012). *Fatherhood in Late Modernity*. 1st ed. Opladen: Barbara Budrich.

Office for National Statistics (2013). *Full Report—Women in the Labour Market*.

Office for National Statistics (2013). Housing and Consumer Durables (General Lifestyle Survey Overview). [online] *Newport*.

Ormston, R. and Curtis, J. (2015). British Social Attitudes: The 32nd Report. [online] London: NatCen Social Research.

Ossendrijver, L. (2011). *Défilé Homme Printemps/Eté 2012 de Lanvin*. Paris.

New Man (2017). *Oxford English Dictionary*, 1st ed. [online]. Oxford: Oxford University Press.

Paris. (1970). *Tailor & Cutter* (1153), 794–795.

Park, A. and Rhead, R. (2013). Homosexuality. *British Social Attitudes Survey.* [online] London: NatCen Social Research.

Pawley, P. (1992). *Raymond Loewy : Most Advanced Yet Acceptable*. London: Trefoil Publication Ltd.

Petri, R. and Morgan, J. (1985). Pure Prairie: London Cowboys Lay Down the Law. *The Face* (66), pp. 68, 71.

Petridis, A. (2007). Legging Lemmings. *The Guardian*.

Petridis, A. (2009). Rock on with Village People. *The Guardian*.

Pew Research Center (2013). *Modern Parenthood: Roles of Moms and Dads Converge as They Balance Work and Family*. Washington D.C.: Pew Research Centre (Social & Demographic Affairs), pp. 1–6.

Peyton, E. (2003). Leonardo DiCaprio. In: R. Simons and F. Bonami, eds., *The Fourth Sex: Adolescent Extremes*. Milan: Charta, p. 281.

Plant, S. (2011). Deconstructing Masculinity—The F-Word. [online] *The F word*.

Pleck, J. and Sawyer, J. (1974). *Men and Masculinity*. 1st ed. Englewood Cliffs, NJ: Prentice-Hall.

Plummer, D. (1999). *One of the Boys*. 1st ed. New York: Harrington Park Press.

Pope, H., Phillips, K. and Olivardia, R. (2000). *The Adonis Complex*. New York: Free Press.

Porter, C. (2001). Body Politic: In Menswear it Counts as a Thrilling Revolution: Hedi Slimane Tells Charlie Porter Why He's not Interested in the Musclebound Look. *The Guardian (The Weekend)*, June 30, p. 62.

Porter, C. (2016). Personal Interview. October 6, 2016.

PR Newswire Europe (2014). The Idle *Man: Former ASOS Executive Bags $1.2m in Follow on Investment and Adds ex Amazon FD to Board*. London.

Prize-winning IFC Design. (1972). *Tailor & Cutter*, February (5457), p. 11.

Pruchnie, B. (2016). Craig Green Spring/Summer 2017. [Menswear Collection] London. Raf Simons Spring/Summer 2005 (2004). *Collezioni Uomo*.

"Real Dash for less Cash" (1991). (Editor: Arthur Cooper) *Gentlemen's Quarterly* (April), p. 242.

The Resonance of Solids in Subtle Shades Drawn from a Bold Palette, Put together in an All-New Way. (1991). (Editor Arthur Cooper). *Gentlemen's Quarterly* (January), pp. 144–146.

Ritts, H. (1992). Kate Moss and Marky Mark Calvin Klein Advertisement. [image]

Ritts, H. (1984). Fred with Tires. [image]

Ritts, H. and Roberts, M. (1984). Grease Monkeys. *The Face*, (54), pp. 3, 69–73.

Roetzel, B. (1999). *Gentleman: A Timeless Guide to Fashion*. Cologne: Könemann Verlag.

Rothstein, N., Ginsburg, M., Hart, A. and Mendes, V. (1984). *Four Hundred Years of Fashion*. London: V&A and William Collins Sons & Co., Ltd.

Rust, I. (2013). Interview with Ike Rust, Head of Menswear RCA. Royal College of Art.

Sabre Helanca Advertisement. (1964). *Town* (7), 31.

Sajonas, F. (2016). Brioni's 2017 Spring/Summer Collection Is Justin O'Shea's Ode to Rock 'N' Roll Royalty. [online]

Salvati, J. (1973). Shirts with a View. *Gentlemen's Quarterly*, 4 (43), p. 82.

Schwarz, M. and Elffers, J. (2010). *Sustainism is the New Modernism: A Cultural Manifesto for the Sustainist Era*. New York: D.A.P.

Scott, J. and Clery, E. (2013). Gender Roles. *British Social Attitudes Survey.* [online] NatCen Social Research.

Seabrook, J. (2000). THE INVISIBLE DESIGNER: Can Helmut Lang Become a Brand Name and Still Retain His Mystique? *The New Yorker*, September 18, p. 114.

Segal, L. (1987). *Is the Future Female?: Troubled Thoughts on Contemporary Feminism*. London: Virago.

Segal, L. (1994). *Straight Sex: Rethinking the Politics of Pleasure*. 1st ed. Berkeley: University of California Press.

Segal, L. (2007). *Slow Motion*. 2nd ed. New Brunswick, NJ: Rutgers University Press.

Sejersen, C. and Volkova, L. (2015). The Man Who Would be King. *Man About Town* (Spring/Summer 2015), p. 143.

Serano, J. (2007). *Whipping Girl: A Transexual Woman on Sexism and the Scapegoating of Femininity*. Berkeley: Seal Press.

Shabazz, J. (2002). *Back in the Days*. New York: PowerHouse.

Sharkey, A. (1997). STYLE: WALKING TALL; From Stilts through Velvet Slippers and Dress Shirts to Trompe l'oeil: Alix Sharkey Reports on the Paris Menswear Collections. *The Guardian*.

Sigee, R. (2015). "Men Shop More like Women Now... It's Wonderful to See Them Make an Effort"; FASHION WEEK's DYLAN JONES ON WHY LONDON IS THE MOST EXCITING CITY IN THE WORLD. *The Evening Standard*, p. 13.

Simons, R. and Daniels, M. (1998). *Disorder Incubation Isolation*. Paris: Studio Carrère.

Simons, R. and Sims, D. (1999). *Isolated Heroes*. 1st ed. Antwerp: Raf Simons.

Simpson Guitare Beachwear Advertisement. (1966). *Town* (7), p. 14.

Simpson, M. (1994a). *Male Impersonators*. New York: Routledge.

Simpson, M. (2017). The Metrosexual is Dead. Long Live the "spornosexual." [online] Telegraph.co.uk.

Simpson, M. (1994b). Here come the Mirror Men; Metrosexual Men Wear Paul Smith, Use Moisturiser, and Know that Vanity Begins at Home. *The Independent*, p. 22.

Simpson Piccadilly Advertisement—How to Cope with the Height of Summer even in the Depth of Winter. (1962). *Town* (9), p. 6.

Sims, D. and Howe, A. (1990). Snip It, Rip It, Colour It or Patch It: In Denim the Customiser is Always Right. *The Face*, September (24), pp. 84–91.

Sims, D. and Ward, M. (1993). *i-D* (113, February), pp. 76–77.

Sinclaire, P. and Mondino, J. (1997). Hard Times. *Arena Homme+*.

Siwan, M. and Brown, P. (1984). Relax! *Blitz* (19 March), London: Jigsaw Publications, p. 35.

Slimane, H. (2000). Yves Saint Laurent Autumn/Winter 2000–2001. [video]

Slimane, H. (2005). Dior Homme Autumn/Winter 2005 Advertisement. *Another Man*.

Slimane, H. (2006a).Dior Homme Autumn/Winter 2007 Campaign.

Slimane, H. (2006b). Dior Homme Spring/Summer 2007 Campaign.

Smalls, J. (2013). Féral Benga's Body. In: E. Rosenhaft and R. Aitken, eds., *Africa in Europe Studies in Transnational Practice in the Long Twentieth Century*, 1st ed. Liverpool: Liverpool University Press, pp. 99–199.

Socha, M. (2007). Today's Top Stories. *Women's Wear Daily* (November 27), p. 1.

Soloflex Advertisement. (1983). *Gentlemen's Quarterly* (July), p. 4.

Sontag, S. (2009 [1964]). Notes on Camp. In: S. Sontag (ed.) *Against Interpretation and Other Essays*. London: Penguin, pp. 275–292.

Spindler, A. (1997). Strength in Diversity at Men's Shows. *The New York Times (Late Edition)*, p. 14.

Steinman, J., Pitchford, D. and Tyler, B. (1984). *Holding Out for a Hero*. [CD] New York: Columbia Records.

Stephen, J. (1962). His Clothes Advertisement. *Town* (11), p. 25.

Stern, S. (2016). Take to the Barricades, Office Workers! And Don't Forget Your Suits. *The Guardian*. [online]

Sterne, H. (1994). Gender Gaffes: Some Enchanted Evening. *Gentlemen's Quarterly*, (February), pp. 126–128.

Suen, S. (2016). Autumn/Winter 2016/2017: Chinese Chess. [Menswear Runway Show] London: Victoria House.

Synth Britannia (2009). [TV program] BBC Four: BBC. October 16, 2009.

Tailor & Cutter (1972). The Alternative Pant. *Tailor & Cutter*, April 107 (5459), p. 3.

Takahashi, Y. (1997). *Raf SImons Spring/Summer 1998—Black Palms*. [Polaroid] Paris: Bastille.

Tan, J. (2011). Policing Boys for Masculinity in Malaysia. *The F Word*.

Testino, M. (1997). Gucci Advertisement Spring/Summer 1997 featuring Edward Fogg. *Arena Homme+* (7, Spring/Summer), p. 72.

Texture and pattern—New Issues in the Fashion Market. (1983). *Gentlemen's Quarterly*

(September), pp. 278–279.

Thatcher, M. (1987). Speech to Conservative Party Conference. In: *Conservative Party Conference*. [online] Thatcher Archive.

The Indigo Mix (1994). *Gentlemen's Quarterly* (January), p. 70.

Theweleit, K. (1989). *Male Fantasies: Volume 2*. Cambridge: Polity Press.

Thomson, K. (1966). Ken Thomson Trying it on: 4. *Town* (9), p. 12.

Thomson, M. (2008). *Endowed*. New York: Routledge.

Topman. (2009). Topman Campaign with Model Robbie Wodge Autumn/Winter 2009.

Toscani, O. (1969a). Dressed-down Evening Style: Di Sera una Moda Sdrammatizzata. *L'Uomo Vogue* (6), pp. 134–135.

Toscani, O. (1969b). Peter Chatel. *L'Uomo Vogue* (6), p. 118.

Toscani, O. (1969c). With Humour, Come Day or Night: Di giorno o di sera, con ironia. *L'Uomo Vogue* (6), p. 137.

Toscani, O. (1971). The New Face of the New Dad: La Nuova Pelle dei Nuovi Papa. *L'Uomo Vogue* (10), pp. 102–104.

Toscani, O. (1976). Afro-Look. *L'Uomo Vogue* (46), pp. 133–141.

Toynbee, P. (1987). The Incredible Shrinking New Man. *The Guardian* (April 6), p. 10.

Triggs, T. (1992). Framing Masculinity: Herb Ritts, Bruce Weber & the Body Perfect. In: J. Ash and E. Wilson, eds., *Chic Thrills*, 1st ed. London: Pandora.

Tulloch, C. (2010). Style-Fashion-Dress: From Black to Post-Black. In *Fashion Theory*, 14(3), pp. 273–304.

Turner, T. (2014). German Sports Shoes, Basketball, and Hip Hop: The Consumption and Cultural Significance of the adidas "Superstar," 1966–1988. *Sport in History*, 35(1), pp. 127–155.

Turra, A. (2016). Brioni Plans Job Cuts. *Women's Wear Daily*.

Valentino at twenty: Valentino a Vent'Anni. (1976). *L'Uomo Vogue* (47), 163.

Vam.ac.uk, 1967. Pierre Cardin - Victoria and Albert Museum.

Vanderperre, W. (2014). Garments from Raf Simons' Autumn/Winter 1999–2000 Collection. *032c Magazine*.

Vanderperre, W., Rizzo, O. and Philips, P. (2003). Robbie Snelders. In: R. Simons and F. Bonami, eds., *The Fourth Sex: Adolescent Extremes*. Milan: Charta.

Venturini-Fendi, S. (2003). Fendi Autumn/Winter 2003–2004. *Collezioni Uomo* (47), pp.115–117.

Venturini-Fendi, S. (2004). Fendi Spring/Summer 2005. *Collezioni Uomo*.

Vernon, P. (2011). How to Spot a Hipster (an easy guide for oldies). *The Times*.

Versace Intimo Advertisement (1994). *Arena* (15), 14.

Virgile, V. (2011). Lanvin Spring/Summer 2012 by Lucas Ossendrijver. [online]

Virgile, V. (2013). Juun. J. Spring/Summer 2014.

Wales Bonner, G. (2015). Autumn/Winter 2015 Ebonics. [image]

Wales Bonner, G. (2016). Ebonics—Autumn Winter 15—Grace Wales Bonner. [online] Grace Wales Bonner.

Wall, G. and Arnold, S. (2007). How Involved Is Involved Fathering?: An Exploration of the Contemporary Culture of Fatherhood. *Gender & Society*, 21(4), pp. 508–527. doi: 10.1177/0891243207304973.

Watson, E. (1984). Front Cover. *Smash Hits* (23), p. 1.

Watson, J. (2000). *Male Bodies*. Buckingham: Open University Press.

Watson, N., Bradshaw, D. and Tango Design (1989). Levi Strauss Regulation Chinos. *The Face: Pull-out Advertorial*, pp. 1–11.

Webb, I. (2015). Beautiful Freaks: Iain R Webb on Clubs, Counter Culture and Unbridled Creativity. [online] DisneyRollerGirl.

Webb, I. and Lewis, M. (1986). *Blitz* (47), pp. 246–247.

Webb, I. and Owen, M. (1983). New Designers: Elmaz Huseyin. *Blitz*, p. 28.

Weber, B. (1983). Calvin Klein Advertisement. *Gentlemen's Quarterly* (October), p. 16.

Weber, B. (1991). Obsession Calvin Klein Advertisement. *Gentlemen's Quarterly* (January), p. 26.

Weber, B. (1994). Escape Calvin Klein Advertisement. *Arena* (16), pp.6–7.

Weber, B. (1982). Tom Hintnaus Models Calvin Klein Underwear.

Westgarth, S. and Ellis, L. (2009). Topman Campaign Autumn/Winter 2009–2010.

WGSN (2016a). Joggers & Trackpants Spring/Summer 2017. *Commercial Update*. New York: WGSN/Ascential Group Limited, pp. 1–11.

WGSN (2016b). Tailoring: Spring/Summer 2017. *Commercial Update*. New York: WGSN/Ascential Group Limited, pp. 1–11.

WGSN (2017). *Southern Africa Menswear: Emerging Trend*. Youth, young men, trend watch. New York: WGSN/Ascential Group Limited, pp. 1–11.

White, C. (1998). Review/Fashion: Touches of Spice in a Tepid Stew. *The New York Times* January 27.

Wilchins, R. (2002). *Queer Theory, Gender Theory*. Los Angeles: Alyson Books.

Williamson, J. (1986). Male Order. *New Statesman*, 112(2901), p. 25.

Woods, J. (2013). The Unforgivable Rise of the She-man; Metrosexual Man has Gone from Tolerable Dandy to Insufferable Sissy—and Women are the Losers, says Judith Woods. *The Daily Telegraph*, May 24, p. 35.

Yahoo Style (2015). Exclusive: Hedi Slimane On Saint Laurent's Rebirth, His Relationship With Yves & the Importance of Music. *Yahoo.com*.

Yves Saint Laurent Rive Gauche Spring-Summer 2001 (2001). *Arena Homme+*.

Zweig, S. (2009 [1942]). *The World of Yesterday*. London: Pushkin Press.

图书在版编目（CIP）数据

男装革命：当代男性时尚的转变 /（英）杰伊·麦考利·鲍斯特德著；安爽译. -- 重庆：重庆大学出版社，2020.12

书名原文：Menswear Revolution：The Transformation of Contemporary Men's Fashion

ISBN 978-7-5689-2254-8

Ⅰ. ①男… Ⅱ. ①杰… ②安… Ⅲ. ①男性—服饰美学—研究 Ⅳ. ① TS973.4

中国版本图书馆 CIP 数据核字 (2020) 第 110889 号

男装革命：当代男性时尚的转变

NANZHUANG GEMING：DANGDAI NANXING SHISHANG DE ZHUANBIAN

［英］杰伊·麦考利·鲍斯特德（Jay McCauley Bowstead） 著

安 爽 译

策划编辑 张 维 审 校 徐燕娜

责任编辑 李桂英 书籍设计 崔晓晋

责任校对 邹 忌 责任印制 张 策

重庆大学出版社出版发行

出版人：饶帮华

社址：（401331）重庆市沙坪坝区大学城西路 21 号

网址：http://www.cqup.com.cn

印刷：北京盛通印刷股份有限公司

开本：880mm × 1230mm 1/16 印张：9 字数：220 千

2020 年 12 月第 1 版 2020 年 12 月第 1 次印刷

ISBN 978-7-5689-2254-8 定价：99.00 元

MENSWEAR REVOLUTION: THE TRANSFORMATION of CONTEMPORARY MEN'S FASHION by JAY MCCAULEY BOWSTEAD

This translation of Menswear Revolution is published by Chongqing University Press Corporation Limited by arrangement with Bloomsbury Publishing Plc.

版贸核渝字（2018）第225号